中国高等院校『十二五』
环境设计精品课程规划教材

董治年 姬琳 / 编著

SPACE
STRUCTURE
空间构造

 中国青年出版社
CHINA YOUTH PRESS

 中青雄狮

侵权举报电话

全国"扫黄打非"工作小组办公室	中国青年出版社
010-65233456 65212870	010-59521012
http://www.shdf.gov.cn	E-mail: editor@cypmedia.com

图书在版编目（CIP）数据

空间构造 / 董治年，姬琳编著 . — 北京：中国青年出版社，2014.11

中国高等院校"十二五"环境设计精品课程规划教材

ISBN 978-7-5153-2905-5

I. ①空 …　II. ①董 …　②姬 …　III. ①环境设计 − 高等学校 − 教材

IV. ① TU-856

中国版本图书馆 CIP 数据核字（2014）第 256859 号

中国高等院校"十二五"环境设计精品课程规划教材——
空间构造

董治年　姬琳 / 编著

出版发行：　中国青年出版社

地　　址：北京市东四十二条 21 号

邮政编码：100708

电　　话：（010）59521188 / 59521189

传　　真：（010）59521111

企　　划：北京中青雄狮数码传媒科技有限公司

策划编辑：马珊珊

责任编辑：张　军

封面设计：DIT_design

封面制作：孙素锦

印　　刷：北京时尚印佳彩色印刷有限公司

开　　本：787×1092　1/16

印　　张：10

版　　次：2014 年 12 月北京第 1 版

印　　次：2014 年 12 月第 1 次印刷

书　　号：ISBN 978-7-5153-2905-5

定　　价：49.80 元

本书如有印装质量等问题，请与本社联系

电话:（010）59521188 / 59521189

读者来信: reader@cypmedia.com

投稿邮箱: author@cypmedia.com

如有其他问题请访问我们的网站: http://www.cypmedia.com

设计可能性

传统意义上的"设计"概念被认为是把一种计划、规划、设想通过视觉的形式传达出来的活动过程。纵观人类历史，人类通过劳动改造世界，创造文明，其最基础、最主要的创造活动就是造物。所以从这一点而言，在早期的中国设计教育中，很大程度把设计与工艺美术曾经做过或尝试作为合并或混淆。

数字化时代对设计概念内涵的拓展与学科的跨界融合下，艺术设计的这种由基于物的设计到基于策略的设计转向，正在将多元价值观作为设计的探究层面，而远远超越了艺术设计学科原先对功能、空间、材料、构造、色彩等传统物质对象的内容定义。

环境设计专业与其他专业相比，从专业特性及教学模式而言，都更加注重理论与实践的结合。而传统设计教学模式比较着重于某一些形式美为特征的设计语言理论，与发达国家重视多学科跨界交融、强调以设计研究为特征的理论与实践教学模式的设计教育相比，这难免会使环境设计专业学生毕业后无法更好的适应社会、提升自我，也难以满足艺术设计专业学生的就业需求。因此，探讨设计的可能性也就有着非同一般的意义。这在现阶段情况下，极大程度上有赖于有设计研究与实践的经验的青年教师应将注重理论与实践的结合、重视多学科跨界交融、强调以设计研究为特征的理论与实践教学模式的意识引入到当代环境设计阶段教学内容中,丰富教学内容,吸引学生主观能动性。中国青年出版社的这套环境设计教材正是基于这样的时代背景下诞生的，期待她的茁壮成长。

北京服装学院艺术设计学院 教授 博士
2014年冬于北京樱花东街甲2号

目录
CONTENTS

前言
PREFACE

空间是现代建筑、景观、室内形式生成最为重要的几个逻辑出发点之一，因此在现代设计中，对于"空间"概念的探讨从未停止过，并且在不同时期，不同地域推陈出新。从早期密斯.范.德罗的"流通空间"到黑川纪章的"灰空间"，再到今天的"表皮"、"透明性"，乃至"数字化"概念等，设计界对于空间的认识随着技术与认知的发展而发展，而空间形式生成的方式与手段也在同样不断地与时俱进。

这本《空间构造》的编写内容面向各个高校、职业设计院校的建筑设计、景观设计、以及环境设计等专业师生。对于初涉空间设计的学员们来说，空间设计的艺术形式生成自有其逻辑性，所以应注意把握空间的概念，了解空间设计的手法和生成过程以及未来发展动向，在这些基础上对具体的空间作品进行深入的解读、分析，方能从优秀的案例中汲取营养，使其为自己的专业能力成长服务。仅停留在对于空间表面形象的评价上，而不知其形式的逻辑生成来由，是无助于自己学业、专业发展的。

当然，限于编者的水平以及掌握的资料有限，本书还存在不少谬误和不足，还望同行对不尽之处加以指出与斧正。本书在编写过程也参考了许多学者的学术研究成果，引用了不少优秀设计案例图片资料，不少图片的作者不详，无法查实，故特在此一并深表谢意与歉意。

编　者

CHAPTER 1

环境设计空间构造概论

"空间"（Space）对于人们来说是一个很广的概念，不同的领域对其理解不尽相同。环境设计在创造空间方面有着极其重要的地位，人类创造空间的活动自古以来就已发生，并一直持续到现在。

空间构造设计的范畴很广，原因在于"空间"这个概念占据着设计领域的方方面面，空间构造基于三维立体的设计，包括室内空间设计、展示设计、建筑设计、景观设计、城市区域设计等多个设计领域。

认识空间

在建筑领域中，空间是指一个围合的开放或半开放的场所。人能感知空间，并通过感知来深入了解建筑空间的意义，从而上升到对建筑整体的高层次的感受。

创造空间

人类除了认识空间还要创造空间。在空间的规划和创造中要充分体现空间的艺术特色，对空间的创作手段以及如何组织规划有特色的空间还需做出进一步的思考。

本章主要从空间的概念、空间概念的由来与发展、空间构造设计的范畴、空间构造设计的目的、空间构造设计的环境与条件、空间构造设计的方法等多个层面进行探讨。

01

空间的概念

一、空间概念的多义性

"空间"（Space）对于人们来说是一个很广的概念，不同的领域对其理解不尽相同。哲学中，空间与时间一同构成运动着的物质存在的两种基本形式；数学中，空间是以 X、Y、Z 三个坐标数字来表示一个点的空间坐标位置（图1）；绘画领域，空间是表达视觉效果的艺术形式；在建筑中，空间又是用来提供人们活动的围合场所（图2）。在现代汉语中，空间通常的解释是"物质存在的一种客观形式，由长度、宽度、高度表现出来，是物质存在的广延性和延伸性的表现。"

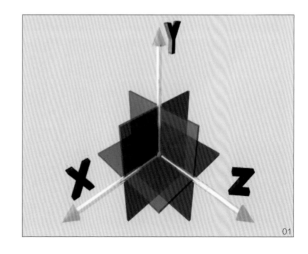

01.三维空间

02.建筑中，空间是用来提供人们活动的围合场所

02

03．苏州"环秀山庄"体现古代中国人
　　的空间概念（作者 摄）
04．美国"赫氏古堡"体现古代西方人
　　的空间概念（作者 摄）
05．现代人的空间概念

空间是人们在长期的实践活动中，从对空间理解的许多属性中，抽出特有属性概括而成的。它的形成，标志着人们对空间的认识，已从"空间经验"转化为"空间概念"，也就是从对空间的感性认识上升到对空间的理性认识。这种"空间经验"是多种多样的，概括起来大致有三种：一是，任何事物存在，一定意味着它在什么地方，而不在什么地方的物体是不存在的，这就是所谓的位置、地方、处所经验；二是，有"空"这种状态，这是所谓的虚空经验；三是，任何物体都有大小和形状之别，有长、宽、高的不同，这是所谓的广延经验。

除此之外，空间概念的多义性还表现在古代西方人的空间概念与古代中国人的空间概念的差异，以及古代人的空间概念与现代人的空间概念的差异（图3-图5）。这些由地域上和时间上存在的不同而产生的差异说明人类生存发展中对"空间"这一命题的重视。恩斯特·卡西尔（Ernst Cassirer）说空间是一切存在与之相关联的构架，人们只有在空间的条件下才能设想真实的事物。因此，人类从最初的"空间定位"开始，获得某一种空间经验，随着这种空间经验的不断积累，开始形成多种不同的空间经验，之后又在多种空间经验的基础上，形成多种空间概念。

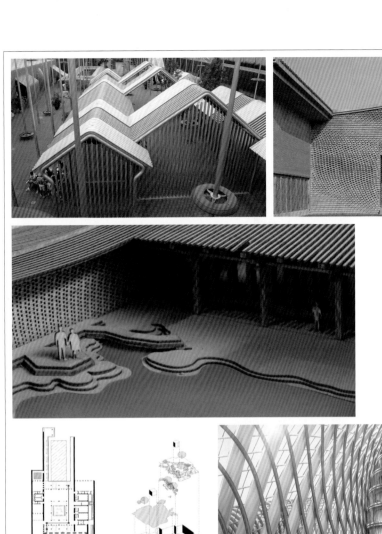

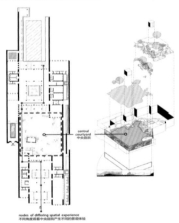

central courtyard
中央庭院

nodes of differing spatial experience
不同角度观看中央庭院严生不同的景观体验

05

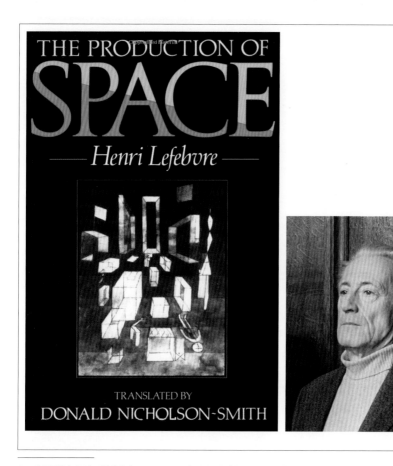

06 . 法国哲学家亨利·列斐伏尔（Henri Lefebvre）的代表作《空间的生产》（The Production of Space）

另一方面，空间概念的多义性还在于"空间"是一个很抽象的概念，就像我们可以对它自由描述，却不能为其下一个定义一样。法国哲学家亨利·列斐伏尔（Henri Lefebvre）于1974年在他的代表作《空间的生产》（The Production of Space）一书中，对"空间"这一命题进行了从抽象到具体的阐述，他将抽象的"空间"逐渐划分到人类与环境相互作用的具体化上，诸如：绝对空间、抽象空间、具体空间、矛盾空间、共享空间、文化空间、差别空间、主导空间、戏剧化空间、认识论空间、家族空间、工具空间、休闲空间、现实空间、生活空间、精神空间、自然空间、中性空间、有机空间、创造性空间、物质空间、多重空间、政治空间、纯粹空间、压抑空间、社会空间、社会化空间、国家空间、透明空间、真实空间、男性空间以及女性空间等。这种繁复的列举说明"空间从来就不是空洞的，它往往蕴涵着某种意义。"（图6）

环境设计在创造空间方面有着极其重要的地位，人类创造空间的活动自古以来就已发生，并一直持续到现在。环境设计作为与建筑、绘画、雕塑有着必然联系的一门学科，其起源是作为西方艺术渊源的古希腊艺术，而古希腊艺术的最高表现形式应是建筑和雕刻。罗马人在世俗性的公共建筑空间方面，则表现出更多的创造性。在中世纪，西方文化主要是以基督教文化影响的环境空间设计为主流。在拜占庭文化中，体现皇权的环境设计空间则始终占据着主导地位。文艺复兴时代倡导人性的解放，最具有代表性的建筑物是罗马的圣彼得大教堂，发展到晚期，出现了形式主义的潮流（图7）。从世界文明史来看，古代曾出现过七个主要的独立建筑体系，其中有的建筑体系已成为历史或流传不广。以欧洲建筑为主体的西方建筑的历史，主要呈现为一种阶段性的发展特征。在法国哲学家笛卡尔（Rene Descartes）的哲学中，物理学占据了很重要的成分。他认为物质只是广延性的东西，不能思想。牛顿写道："绝对的空间，其自身性与一切的外在事物无关，它处处均匀，永不迁移"。直到物理学家爱因斯坦揭示了物质与运动，空间与时间的统一性才被建筑、环境设计所重视。1898年，建筑学第一次被称作"空间艺术"。20世纪以来，随着新科学带来的多元学科的发展，心理学开始研究"人"的空间问题。

07.以欧洲建筑为主体的西方建筑的历史,主要呈现为一种阶段性的发展特征

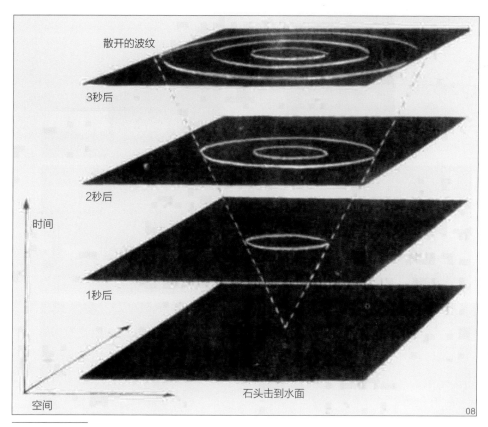

散开的波纹

3秒后

2秒后

时间

1秒后

空间

石头击到水面

08

08 . 空间与时间

二、认识空间

"空间"一词源自于拉丁文"Spatium",德语中的"空间"（Raum）不仅指物质的围合，也是一个哲学概念。

在哲学中，空间与时间一起构成运动着的物质存在的两种基本形式。空间指物质存在的广延性，时间是指物质运动过程的持续性和顺序性。空间与时间具有客观性，同运动着的物质不可分割。没有脱离物质运动的空间和时间，也没有脱离空间和时间而运动的物质（图8）。

在物理学中，早期的希腊、罗马或是基督教认为，上帝创造了一切：包括了上面的天和下面的大地、海洋、冥界。空间概念随着宇宙无限的思想而出现。之后，天上的物体便放入了一个"空间"中。而在牛顿的理念中，空间成为不同于时间的"容器"，物理空间由此产生。

在建筑领域中，空间就是一个围合的开放或半开放的场所。一座建筑，不管是居民住宅、办公楼还是教堂，不管其表面有多么好看，它的本质是一致的，即它只不过好似一个盒子，由若干个墙面拼接而成，它可以延伸，可以收缩。任何一个建筑师的作品都是把若干个空间组合起来，形成一个有机的整体。建筑领域中人对空间的认识是一个复杂的过程，人要认识和理解空间的意义，则需要借助于人对建筑空间的认识才能实现。人处在建筑空间中，体验着空间给予的感受，欣赏着建筑空间的每一个细节。人能感知空间，并通过感知来深入了解建筑空间的意义，从而上升到对建筑整体的高层次的感受（图9）。

09.认识空间的过程

10．原始环形巨石阵

三、创造空间

人类除了认识空间还要创造空间。自古以来，人类在于自认环境的相互关系中感知空间、存在于空间、思考空间、在空间中发生行为，并且为了使空间刻上人的意识的烙印，进行创造空间的活动。英国发现的原始环形巨石阵，能够说明这种特点，同时也显示出原始人类最朴素的创造空间的意识（图10）。

在社会学研究中，空间是一个无知产物，与其他物质产物密不可分，包括人在内的置身于历史决定的社会关系中，对空间赋予了形式、功能和社会意义。大卫·哈维（David Harvey）指出："从惟物论的角度来看，我们可以主张时间和空间的客观概念必须通过物质实践与过程创造出来，而这实践与过程产生了社会生活。"因此，在一般层面上我们必须以社会实践的观点来界定空间（表1）。

表1　创造空间的过程

	可接近性与时隔化	占用和利用空间	支配和控制空间	创造和改变空间
物质空间的体验	商品、货币、劳动力、信息等的流动；运输和交通系统；市场和城市体系	土地利用和建筑环境；社会空间；沟通和互助的社会网络	私有土地财产；政府的空间划分；排外的社群和邻里；管辖与监督的社会控制	物质基础设施生存（交通运输、建筑等城市建成环境）；社会基础的领地结构
空间的感知	有距离的社会和心理；绘制地图；"间隔摩擦"理论（商品范围、最小阴凉等场所理论）	个人空间；意向地图；空间等级；空间的象征性表达；空间"话语"	被禁止的空间；"领土规则"；社群；地区文化；民族主义；地理政治学；等级制度	地图、视觉表达、交流等新系统；新的艺术和建筑"话语"；符号学
空间的表达	吸引/排斥；距离/欲望；接近/拒绝	熟悉；家庭；开发场所；通俗表演场所；插画和涂鸦；广告	财产和拥有；纪念性和构造出的仪式空间；建构"传统"	想象式景观；艺术家的素描；科幻空间

11．创造空间

在这里，创造和改变空间是建筑师、规划师、艺术家、景观设计师等这些专业人员的工作。在"创造空间"中，以"建筑空间"的创造和研究最为直接也最为重要。这是因为"建筑的目的就是生产空间，当我们要建造房屋时，我们不过是划出适当大小的空间，而且将他隔开并加以围护，一切建筑都是从这种需求开始的。建筑师用空间来造型，正如雕刻家用泥土一样，将空间创造作为艺术品创作来看待，力求通过空间手段，使进入空间的人们能激起某种情绪"（见图11）。

有了空间，人们就可以在空间中从事活动，这样的空间便成为人们认识事物的一个场所、一个中介。空间是一个载体，人通过认识和感知不同的空间环境来认识不同的事物，传递特殊的情感，如此便形成了一个"人——空间——事物——人"的有机认知体系。它可以影响空间环境功能，赋予环境视觉次序，提高人类适应环境的能力，以及充分认识环境中的事物的质量。因此，在空间的规划和创造中要充分体现空间的艺术特色，对空间的创作手段以及如何组织规划有特色的空间环境做出进一步的思考。（图12~图14）

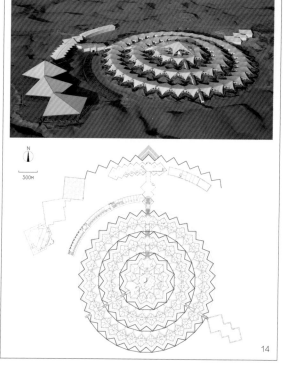

12 . 2013北京园博会的彼得·沃克园（作者 摄）

13 . 2013北京园博会的凹陷花园（作者 摄）

14 . 响沙湾莲花酒店

02
空间概念的由来与发展

人类早期对空间的认识概念并不是从空间的直接体验中抽象化总结出来的，而是针对对象的具体定位而形成的一种空间经验。由此，用于表达空间概念的"方位词"就产生了，在人与自然的相互作用中，方位词是人类赖以生存的基本概念。人类在感受自身和空间环境的关系时，定位对象的关系可以按照一定的"方位词"来表达，例如东与西、南与北、前与后、左与右、上与下、内与外、远与近、分离与结合、连续与非连续等。因此从这个意义上来看，人在环境中的行为都具有空间性的一面。克里斯蒂安·诺伯格—舒尔茨提出："人对空间感兴趣，其根源在于存在感。它是由于抓住了在环境中生活的关系，要为充满事件和行为的世界提出有意义或秩序的要求而产生的，人对于'对象'的定位是最基本的要求。"

留在平面的层次上。之后《管子·五行篇》中有"昔者黄帝得蚩尤而明于天道，得大常而察于地利，得奢龙而辩于东方，得祝融而辩于南方，得大封而辩于西方，得后土而辩于北方。黄帝得六相而天地治，神明至。"这里所说的"六相"就是结合了"天""地"或"上""下"的方位形成立体的"六方位"。由此，平面的空间意识演变成为立体的空间意识。此后，人类对空间环境的认识逐渐自觉地将自身放入这个立体的空间之中，人作为本体介入以"中"来表达，形成中心的概念。因此，在原有平面"四方位"空间和平面"八方位"空间的基础上，加上人作为本体的"中"，发展出平面的"五方位"空间和"九方位"空间图式；在原有的立体"六方位"空间的基础上，加入作为人的"中心"，就发展出了立体的"七方位"空间图式。

一、中国空间概念的缘起

中国在上古时代就已经有了"日出而作，日落而息"的生活作息，这是最早的"二方位"空间意识，即"东"与"西"的构成。到了甲骨文时代，甲骨文中记载了"四方""四风"以及祭祀方式等，日出之向为东，日落之向为西，阳光直射之向为南，背阳之向为北，证明了人与环境的关系逐渐从由"东""西"构成的"二方位"空间意识发展到由"东""西""南""北"构成的"四方位"空间意识。后来人类在对空间环境的相互作用中进一步认识到空间并不仅仅有四个方位，《周易·系辞上传》中有"易有太极，是生两仪，两仪生四象，四象生八卦"，这里的"八卦"正是在原有的东、西、南、北四方位的基础上又增加了"东南""东北""西南""西北"四个方向，由四方位发展出八方位。此时方位的不断增加仍然是在平面上的，而人对空间环境的认识也只停

二、西方空间概念的缘起

学者研究认为，在实际的文化发展中，在中国得到发展的并不是"七方位"立体空间观念，而是备受儒家文化青睐的"五方位"平面空间观念或是"九方位"平面空间观念。与东方不同，西方人空间概念的认识是以"上帝"为主导的"七方位"立体空间，如"上帝七日创世说"，以及《圣经·旧约》中出现的关于"七"的叙述比比皆是。古代西方宗教文化占重要地位，基督教文化中承认上帝是至高无上的，期待着人们对上帝天国的最后回归，在这样宗教背景下，垂直方向的空间观念备受青睐。从人们最初建造"巴别塔"到后来建造的摩西圣殿、所罗门圣殿、基督教堂，都是将空间的取向向着上帝的天国（图15）。正是由于这种强烈的观念，固化了西方人对空间垂直方向的强调，使人们对"七方位"立体空间图式取得了较强的认同。

15

15.《巴别塔》、摩西圣
殿、所罗门圣殿、
基督教堂将空间的
取向向着上帝的天
国强调了垂直方向

03

空间构造设计的范畴

一、范畴的广泛性

空间构造设计的范畴很广，原因在于"空间"这个概念占据着设计领域的方方面面，空间构造基于三维立体的设计，包括室内空间设计、展示设计、建筑设计、景观设计、城市区域设计等多个设计领域。由内部到外部的扩展延伸，甚至可以形成一个完整的空间体系。如在勒·柯布西耶（Le Corbusier）为医生克鲁榭设计的公寓（1949年）中，在一个进深较大的院落中，医疗室安排在沿街里面的上部，生活起居部分在院落的后部。院落空间被切削得非常巧妙，内部和外部空间像三维拼图玩具一样紧密联系，室外空间有效地成为内部空间的组成部分，形成了丰富的空间体系。比较有特点的是院落中的一颗大树被完整地保留下来，成为整体空间体系中的一大特色。（图16~图17）

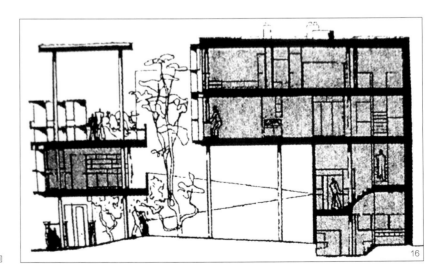

16 . 克鲁榭公寓内部空间&外部空间

16

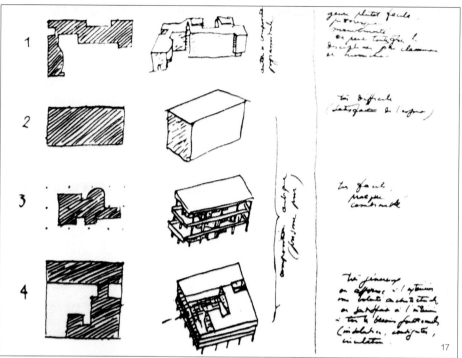

17．克鲁榭公寓空间构成

18．水晶宫用于展览需求

同时，空间构造设计范畴的广泛性还在于不同的功能需求有相对应的空间类型。如古希腊的神庙祭祀需要高大宽敞的空间（石材梁柱体系），中世纪的宗教狂迷需要高直向上气氛诡秘的哥特式教堂（尖券、飞扶壁）、现代工业生产需要大跨度明亮的厂房（框架结构）、各种博览会需要更大跨度体空间满足展览的需求（桁架、网架结构）（图18）。

考虑功能需求作为空间构造设计的前提，依据不同的功能，外部可以扩展到城市、街道、广场、里弄、公园等，内部可以涉及走廊、客厅、卧室、商场、图书馆、电影院、教堂等，凡是经由人固定和限定的一个空的部分，就会成为一个包围起来的空间。

19

19．内部空间、外部空间和灰空间

二、内部&外部

将一个完整的建筑空间进行分解，把符合材料的性能及力学规律的各种结构所占据的空间叫结构空间；把能够满足人们各种使用功能需求的空间叫适用空间；把满足审美要求和精神功能要求而形成的空间叫视觉空间。

从建筑构成的角度，空间构成的范畴可分为三种类型：内部空间、外部空间和中部空间（灰空间）（图19）。内部空间由"地面""墙壁""天花板"等建筑要素围合、限定而成，从实体与空间的关系来看，这三种基本要素可看成是限定建筑空间的"实体"部分，而由这些实体的"内壁"围合而成的"虚空"部分，即建筑的室内空间。外部空间则是由地面、墙壁这两个要素限定的。从实体与空间的关系来看，建筑实体的"外壁"与周边环境共同组合而成的"虚空"部分，即建筑的室外空间。中部空间则可看成是由地面、天花板这两个要素限定出来的。

20．丹麦的FABRIC事务所在哥本哈根国王花园里设计的一个临时展馆空间，表达空间界定的模糊状态

在空间构造设计中，这三种类型的空间范畴的界定有时会很模糊，这种状态下的边界和空间是不清晰的。人作为一种介质处于空间之中，内部空间、外部空间、中部空间随着人的运动呈现瞬间的变动。例如丹麦的FABRIC事务所在哥本哈根国王花园里设计的一个临时展馆空间，这个名叫"Trylletromler"的设计在丹麦最古老的绝对形状几何对称园林中，通过"围栏"，以"模糊""混沌"的状态出现，边界和空间在这里不再清晰（图20）。

04
空间构造设计的目的

一、空间设计的特点

空间构造的特性——使它与所有其他艺术区别开来的特征——就在于它使用的是一种将人包围在内的三度空间语言。而绘画所使用的是两度空间语言，尽管它所表现的可能是三度空间或四度空间；雕塑虽然是三度空间的，但却与人分离，人是从外面来观看的。而建筑则像一座巨大的空心雕刻品，它不像普通的雕塑艺术一样（人们只能从表面看它），人可以进入其中并在行进中感觉它的空间效果（图21）。因此，建筑的空间成为了整个建筑的"主角"。

21

21．建筑不同于普通的雕塑艺术，人可以进入并感觉空间效果

22
22. 柏林自由大学哲学系图书馆

在建筑领域，对建筑的评价基本上是对建筑物内部空间的评价。如果没有内部空间，一件作品就不能在这个基础上来进行评论。最后的结论是，尽管有其他艺术品可以为建筑增色，但只有内部空间——这个围绕和包含我们的空间——才是评价建筑的基础；因为是它决定了建筑物审美价值的肯定或否定。至于所有其他因素也相当重要，或者说可能是重要

的，但对建筑概念而言，它们还是处在从属地位。任何时候评论家或历史学家都不会忽视这个次序。

空间——空的部分——是建筑的"主角"，这毕竟是合乎规律的。建筑不单是艺术，它不仅是对生活的一种反映，也是生活方式的写照。建筑是生活环境，空间构造则是生活环境的细节，需要人们去细心体会（图22）。

23. 建筑的虚体空间

二、空间构造设计的意义

空间设计与人的生活息息相关。建筑空间为人类提供遮风避雨的场所；室内空间为人类精神需求提供舒适宜人的居家空间；景观设计为人类提供赏心悦目的居住环境，我们的生活无时无刻不在空间中进行，空间设计同时也影响着人类的生活方式。

中国伟大思想家老子有一段话："埏埴以为器，当其无有，器之用，凿户牖以为室，当其无有，室之用……"其意义在于强调具有使用价值的不是围合空间的实体部分，而是空间本身，即虚的部分。这段话明确指出"空间"的重要性。空间的形成包括实体和虚体两部分。实体即围合空间的部分，指实实在在可以感受到的东西，例如建筑的外轮廓、室内的墙面、园林的树篱、构筑物等。虚体即我们所说的空间，由实际起作用的部分。实体和虚体共同构成空间构造中必不可少的要素。人类利用这种空间关系满足自身生存和精神上的需求。中世纪哥特式教堂建筑庞大的内部虚体和高耸的外部实体是对上帝无限敬仰思想的体现（图23）。

环境空间构造设计的好坏是评价一个建筑作品好坏的基础，如果一栋建筑作品的内部空间很吸引人，很令人振奋，那么人的行为活动、思维方式都将受到巨大的影响；如果一个建筑内部空间很美观，而其室内的装饰很烂，那么该空间的美好性就算是被破坏了，它的空间构造依然是美观的。很明显，装饰只是装饰，它可以改变，而设计好的空间则是固定的，因此，一个好的空间设计是一个建筑的灵魂。

三、空间构造设计的最终目的

基于"空间"在建筑中的重要地位与意义，空间构造设计的目的要兼具实用性与人为感官性，即满足空间内活动人群的使用，且在感官（如视觉、心理感受等）上具备其空间特点。由于空间构造设计是以人为主体，强调人的参与和体验，人在室内空间中活动必须要有一个合理的空间，这样人才会感到舒适。由此可见，空间构造设计是整个设计过程中首先要考虑的一个重要部分，无论是建筑设计、室内设计还是景观设计，空间构造的设计是基础部分，空间设计是否合理，是整个设计成败的关键因素。因此，解决好空间的问题是一个设计师必须考虑的。如进行一个办公空间的设计，要重视个人环境兼顾集体空间，借以活跃人们的思维，努力提高办公效率，这也即环境艺术设计的目的：为人们生活、工作和社会提供一个合情、合理、舒适、美观的空间，且让空间能够得到合理且最大化的利用。

05 空间构造设计的环境与条件

一、空间·环境·人

"空间"与"环境"这两个词语，从一定范围来说，很难对它们加以明确区分。在很多学科领域中常常把它们联系起来使用，例如在环境科学中，讨论人与环境的关系时就涉及到"空间"与"环境"两个概念，认为环境是作为围绕人群的空间而存在的。在环境心理学中，人在空间中的行为前提条件的感觉、感知和认知等成为空间构造设计不可忽视的因素，人的这种环境行为主要是指人在环境中受到某种刺激所作出的反应，人的行为在很大程度上受到人工环境的限制，然而最重要的问题是人在这种人工环境中是如何发生行为的。在场所理论中，根据诺伯格·舒尔茨（图24）的观点，场所是关于环境的一个具体表达，而场所又是有特性的空间，这样，以场所为中介，空间与环境也就建立起了某种联系。而人作为另一种介质，与空间和环境产生着相互的影响。

24．诺伯格·舒尔茨
25．环境·空间·人图示

当把空间与环境这两个概念联系在一起的时候，环境因引入了空间的含义而更加具体，空间因引入了环境的含义而更具有意义。以建筑空间为例，一座建筑一旦建成，其内部空间便已生成，不过此时的内部空间只是一个有着明确"边界"和"空"的空间。当放入了作为物的东西即家具以后，空间的功能和用途也就显现出来。由于摆放的家具不同，也就形成了不同的功能空间，而不同的功能空间又会引发不同的"人"的行为。这样的空间由于放入了不同的物并引发出不同的人的行为，就转化为不同的功能空间，空间因为有了"人"这个主体在其中活动便可称之为环境；相应的，那些为人所用的不同的功能空间也可称之为不同的环境。总之，空间作为一种本质上的空，只有当它融入人的行为活动，并在其中获得意义时，方可称之为环境（图25~图26）。

26

二、空间构造设计的环境

以了解"空间""环境""人"三者之间的相互关系为前提，建筑领域中，空间是具有实用意义的空间，是人们按照生产、生活的需求，采用建筑技术手段和一定的分隔组合方式创造出来的有具体形象的建筑形式。这里，空间构造设计的环境要考虑的是该建筑所处的场地的信息，包括具体地块的环境特征，如基地大小、形状、高差、坡度、周围道路交通、绿化设施、建筑布局等，此时考虑空间构造设计的环境主要是该建筑空间物理层面的外部环境因素。以人类的生产和生活需求为基础，是进行空间构造设计必须考虑的因素（图27）。

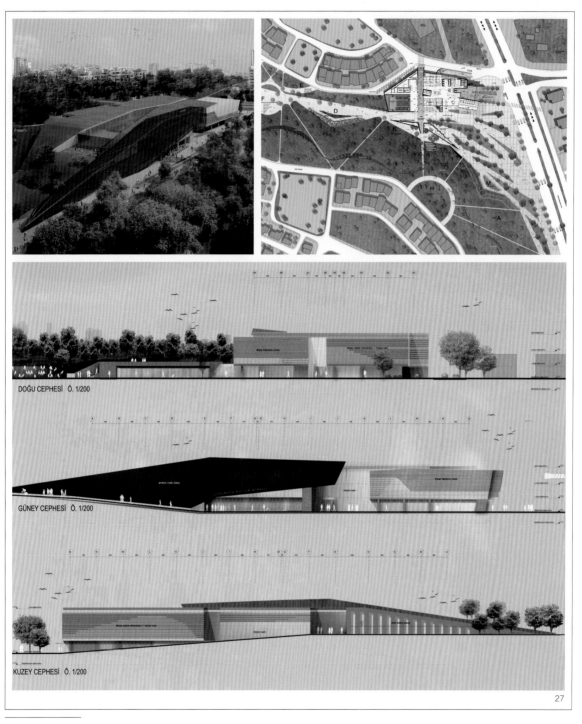

DOĞU CEPHESİ Ö. 1/200

GÜNEY CEPHESİ Ö. 1/200

KUZEY CEPHESİ Ö. 1/200

27

27．外部环境因素是进行空间构造设计必须考虑的

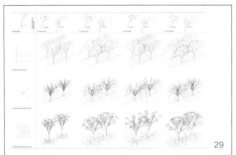

28．印度孟买的某个咖啡厅内部空间构造设计

29．印度孟买的某个咖啡厅结构系统研究草图

三、空间构造设计的条件

空间构造设计除了要考虑场所环境以外，还要考虑人为条件、历史条件以及社会条件。

建造的空间功能主要是指所建造的空间能够满足人的使用要求和具体目的，环境设计（即空间设计）的不同形式和类型主要是为了满足使用功能的多样需求。空间，不仅要满足个人和家庭的生活需要，而且还要用来满足整个社会的复杂需求，而这里所说的"需要"就是空间构造设计的"人为条件"。人为条件既包含了室内外满足人体活动尺寸的要求，如环境空间中的构筑和构件的长、宽、高，环境空间中的采光、通风、照明等满足人的需求的各种条件；也包含了人对空调使用过程的要求，合理的空间构造设计必须按照人的使用过程和顺序要求进行有规则的平面布置，提供空间中最便捷的人行路线。

空间构造设计的历史条件主要是阐述在一定的历史环境中，当时进行空间设计所能给予的物质技术条件。能否获得某种形式的空间，不单单取决于我们的主观愿望，还取决于当时历史发展中工程结构和物质技术的发展水平。而这种历史条件下的限制主要体现在构成物质技术的材料、结构、施工上。古希腊、古罗马时期，虽然建筑形式非常有特点，但建筑的空间形式受到一定的限制，当时建造一个足以容纳数以千计的观众在其中的巨大空间只能采取露天的形式，而近、现代建筑从拱、券、穹、窿直至发展成为壳体、悬索和网架等新型空间薄壁结构体系（图28、图29），使空间形式更加完整、优美。

空间构造设计的社会条件主要通过空间的形式（即建筑或空间形象的抽象化）体现出来，这种社会条件的影响又有其空间自身的传承和变革。空间构造设计的风格受意识形态的影响，它就会必然地表现出民族、地域、时代、思想、信仰、行为和性格等特征。空间构造由人和社会创造，所以其风格的形成与社会发展、技术进步同步，不同社会、不同时代产生着不同的空间形式。空间组合、空间形体、立面形式、色彩处理、材料质感等都是构成不同空间形式的因素。

06 空间构造设计的方法

一、空间构造设计的思维过程

设计思维，泛指在设计过程中建立在抽象思维和形象思维基础上的多元思维形式，包括立意、想法、灵感、创意、重大技术决策、指导思想和价值观念等。

设计思维是感知、知觉、记忆、体验、意念等一系列心理活动和思维活动的综合体现。设计师的思维模式是多重性的，既有感性层面的非逻辑性思维，同时又具有理性层面的逻辑

性思维（图30）。

设计离不开思维，设计概念的提出首先是体现想好的过程，再是实施的过程。设计概念离不开设计师的思维模式，思维模式对设计方法起到了至关重要作用。空间设计的思维领域是四维空间（图31），要求设计者必须对空间有深刻的理解和严谨的态度。

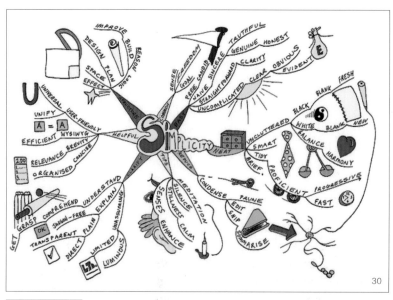

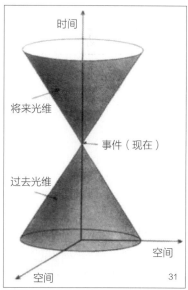

30. 思维导图　　31. 四维空间

32

33

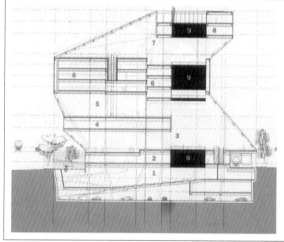

1. 多功能厅

2. 台阶

3. 起居室

4. 会议室

5. 混合电配间

6. 书库

7. 阅读室

8. 行政办公室

9. 中庭

10. 大厅休息室

11. 入口广场

34

33. 西雅图公共图书馆空间模型
34. 西雅图公共图书馆立面空间

空间构造设计概念的提出关键在于理念思维的提出与运用。空间构造设计概念的提出既要求设计者对方案做全面的调研准备，也必须具备一定的空间认知能力；空间构造设计概念的提出分为理性和感性即逻辑与非逻辑，理性部分包括方案分析（地形地貌、人文环境、环境光照、空间功能分析等）、甲方即客户分析（客户职业、设计定位等）、市场调查（材料、配套设施、报价等）、资料收集（参考图片、数据统计等）；感性部分即设计概念的提出，在通过前面几部分的深入分析之后，设计师需构思出整个项目大的设计思路

和想法，而这些思路和想法又是源于自身的感性思维，进而可以遵循思维的一些常见模式——抽象、概括、归纳等——将我们的想法进行筛选过滤找出其内在关系，进行设计定位，最终形成设计概论。

例如雷姆·库哈斯（Rem Koolhass）设计的西雅图公共图书馆（图32-图35），首先以理性部分为前提和基础，界定信息时代的图书馆，不再仅是关于书本的文化机构，而是所有新旧媒体共存、互动的场所。其次，库哈斯尝试创造出一种新建筑概念：将真实世界空间的激动人心的特质与虚拟空

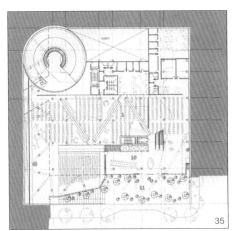

35.西雅图公共图书馆平面空间　　36.流水别墅首层平面图

间中的组织结构的清晰性结合起来。真实的图书馆空间和虚拟的网上空间被纳入同一个建筑计划共同进行设计，并且形成互动关系。这种是由概括归纳的思维模式逐渐走向更加清晰的设计定位的思维过程。

空间的营造离不开人，人的创造又离不开思维。空间设计方法和思维模式在空间设计中一直是我们探讨的问题。人类的

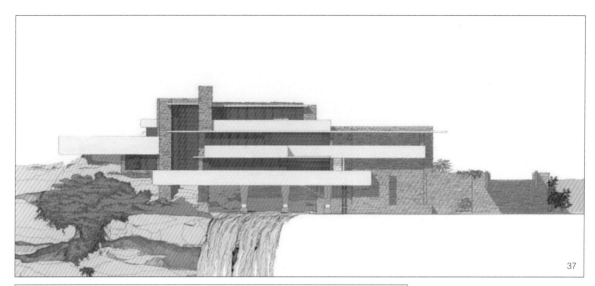

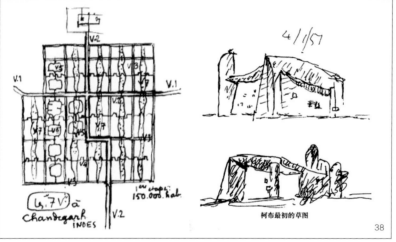

37．流水别墅正立面图

38．勒·柯布西耶（Le Corbusier）所绘的昌迪加尔市平面图、朗香教堂最初的草图

39．勒·柯布西耶所绘马赛公寓草图

认识随着社会的进步不断发展，对感性与理性的认识在实际空间设计过程中逐渐成熟，空间设计的方法也同时日趋丰富，作为一位设计师没有自己独立的思维就不可能设计出具有创意的作品，离开了思维只具备设计方法的人也只是失去了灵魂的空壳，只有兼具两者才能以独具特色的方式在空间设计中体现出来。

二、空间构造设计的表现方法

空间构造设计最常用的表现方法是平面图、立面图、照片（用于表达意向效果）。在建筑领域，平面图是施工图的基本样图，它是假想用一水平的剖切面沿门窗洞位置将房屋剖切后，对剖切面以下部分所作的水平投影图。它反映出房屋的平面形状、大小和布置；墙、柱的位置、尺寸和材料；门窗的类型和位置等。建筑平面图作为建筑设计、施工图纸中的重要组成部分，它反映建筑物的功能需要、平面布局及其平面的构成关系，是决定建筑立面及内部结构的关键环节。其主要反映建筑的平面形状、大小、内部布局、地面、门窗的具体位置和占地面积等情况（图36）。

建筑立面图是在与房屋立面相平行的投影面上所做的正投影图，简称立面图。其中反映主要出入口或比较显著地反映出房屋外貌特征的那一面立面图，称为正立面图。其余的立面图相应称为背立面图，侧立面图。通常也可按房屋朝向来命名，如南北立面图，东西立面图。建筑立面图大致包括，南北立面图，东西立面图四部分，若建筑各立面的结构有丝毫差异，都应绘出对应立面的立面图来诠释所设计的建筑（见图37）。

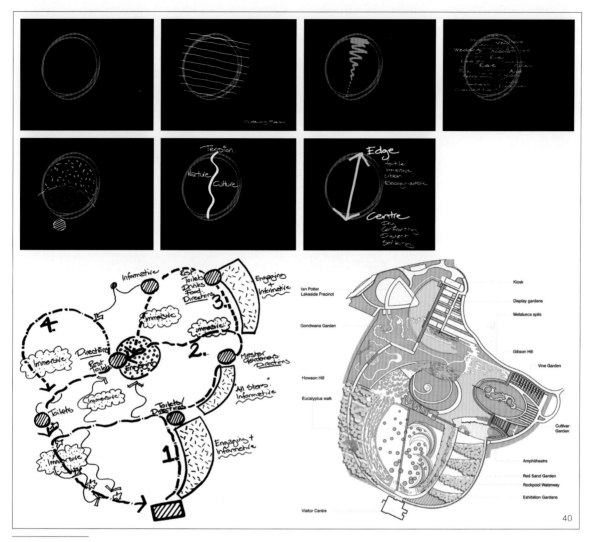

40．泡泡图设计法

照片（也可以理解成透视效果图）在很大程度上弥补平面上只表现二维空间的缺陷，能够忠实地表现出大量的二维空间和三维空间的布局，可以通过连续的视点去体验空间效果。照片在表达尺度上的某些效果比三维空间的模型要优越些，特别是把人拍进照片时更是如此。不足的地方就是摄影照片不能表达一个空间构造的完整面貌。

此外空间构造的设计方法还有直觉设计法、草图设计法、模型设计法。

设计的灵感总是出现在转瞬即逝之间，灵感一旦出现就立即凭借直觉绘制涂鸦画面更有利于好的创意的产生，这种方式不仅适用于空间设计，其他艺术设计类型也通用。作为一名空间设计者，如果平时喜欢涂鸦，同时具备一定的空间比例概念，那这种涂鸦式的方式就很适用，从涂鸦开始慢慢习惯空间设计，进而踏入空间设计领域。很多建筑大师喜欢用自己的手绘涂鸦方式随时表达出现的空间设计想法和概念。

空间构造需求的草图设计（图38~图39）须具备一定的专业基础。结合一定的理性思维进行思考创造的一种设计方法，通常我们称之为泡泡图设计法（图40），利用泡泡图就能比较分析，这种方式设计者必须有缩尺的概念，先将所要设计的空间大小依据性质进行缩尺概括，然后同性质或互补的空间，依据空间缩尺大小圈在一起，慢慢的形成平面草图，这是一个由简到繁，由大到小，由粗到细的过程，通过对空间的反复推敲比较，形成大概的空间分割布局，这种方法使用半透明的拷贝纸结合平面图是个不错的方式。泡泡图设计法是空间构造设计最基本的一种设计方法。

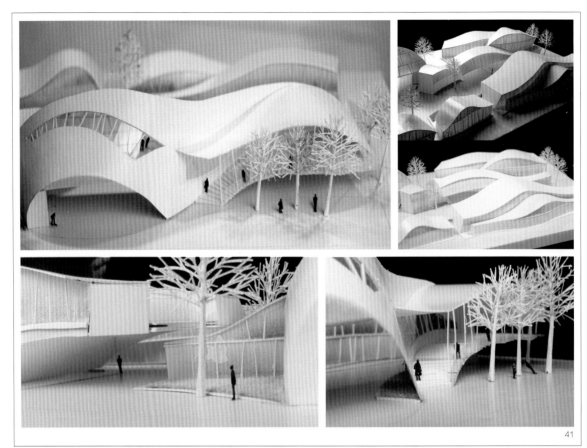

41

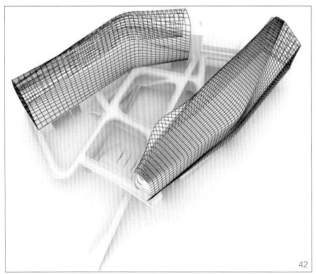

42

41.手工模型设计法
42.电脑模型设计法

模型设计法具有前面两种方式所不具有的优势，那就是直观性，通过实际搭建模型，能有一个直观的空间感受。当然空间设计的模型搭建不是乱建立的，搭建人同样要具备比例的概念，把场景按一定比例缩小，再按照比例尺搭建出来才能推敲空间之间的关系，如同搭积木一样，切割出不同大小、形式的空间，然后按照空间的性质进行整合归纳，最终形成设计方案。由于计算机技术的不断进步，模型设计由传统的手工模型发展到计算机模型（即三维效果的二维图式）（图41~图43）。

43

43. 模型的推导过程

环境设计空间构造概论 **041**

CHAPTER 2

空间构造的语言

知识目标：现代主义建筑的形式构成建立在以几何概念为基础的形式构成体系之上。从对空间造型形式的认识上来说，现代主义对于建筑本身在形式构成体系上有着革命性的意义。在现代艺术解除了再现性艺术表现对于现代艺术的束缚，而将对于世界本质的理解直接引入到抽象的几何认识再现和直接的情感性认识表达之后，现代主义建筑在美学上和认识上的问题得以进一步拓展，抽象性的空间概念被实实在在地作为现代建筑空间的形式主体而为建筑艺术所注重。

重点及难点：空间成为建筑的形式主体，则形式的构成元素转为空间的围合与被围合部分，对围合体的描述也就不再是古典建筑或传统建筑意义下的墙、柱、门、窗，而是转为抽象的围合体本身的原始原型，并用几何学意义上的几何物体予以定义——点、线、面、实体与虚空。建筑的本质被抽象为空间围合与被围合，形式的构成也就突破了传统的古典构图形式，对于建筑空间环境中各要素间关系的探讨也就成为建筑形式造型的重点所在，而呈现出的造型语言与古典时期的建筑造型语言有了根本的区别。

01

空间语言的建构特征

一、作为建筑的基本语言

空间，在建筑等空间艺术设计领域里，被认为是一种物质存在形式，表现为长度、宽度、高度。自现代主义建筑兴起，空间就被确立为建筑艺术的基本造型语言之一。

艺术的目的，在于为人创造出一个有别于现实世界的理想国度。而空间的形式语言创造，在满足了具体的空间功能后，为生活、工作期间的人实现这一理想，这也是空间创作的终极目的和目标。任何一门艺术都存在着如何表达创作者思想与意图的问题，而创作者思想与意图的表达需要语言等类似的媒介和载体才能得以表现出来。如何有技巧地使用这些语言来准确表达出创作者的思想与意图，更是需要进行训练才能得以实现的。

一种艺术门类的成立，意味着这门艺术有着自己独特的语言类型、表达范畴与表达方式，并形成以该语言为基础的独立的美学体系。而空间就是这种依附于建筑的艺术语言。

空间的语言在不同创作者那里，在不同的地域中有着具体的不同特点，在不同的历史时代下也有着自己的时代特征。在西方，以柱式为代表的建筑实体造型及其比例关系是古典时期直至近现代时期的空间语言，而现代主义建筑将空间视为建筑空间的最基本语言，后现代主义者则将装饰图形、符号纷纷引入建筑空间艺术语汇中。由此可见，各个时代都会将自己对于空间的语言理解推向一个新的阶段。

而在气候地理条件不同，历史文化背景不同的情况下，各个区域的人们又会有着共同的空间文化和符号象征心理以及诠释方式，这就意味着不同地区的人们会以自己地区的文化心理和文化符号来解读空间的意义。这就要求空间作品的设计者、创作者要了解作品所在地区的空间语言，也就是空间方言的特征，这样才能保证自己的作品在传递相关的空间信息时不被误读。

相较于在比例思想主宰下的西方古典建筑语汇，现代主义建筑语汇的一个重要特征就是在原有空间语汇上的拓展。而在论述空间语言的特征时，老子在《道德经》里的名言——"埏埴以为器，当其无有，器之用。凿户牖以为室，当其无有，室之用。故有之以为利，无之以为用"——常被人们引用来解释空间。老子指出，人们建房、立围墙、盖屋顶，其真正实用的却是空的部分；围墙、屋顶为"有"，而房屋真正有价值的却在于"无"的空间；"有"是手段，"无"才是目的。"有"和"无"因围合而同时并存，"有"生"无"，"无"生于"有"，且"无"为"有"之"用"。

"有"在具体的设计环节中，表现为具体的实体的围合元素，如墙体、地面、屋顶、柱子等。这些实体围合元素会因设计者、创作者的构思、组织方式的种种不同最终表现出不同的形态，而被这些种种不同实体元素围合出的"无"，其呈现的结果也必然是相互不同的。且由于创作者个人文化背景以及喜好的不同，会造成建筑空间语言在表达方式上有着强烈的时代性、地域性和个人性。例如，人们会很容易就发现，著名的华裔建筑师贝聿铭在个人的建筑语汇上，三角形的构图母体会不断出现，从而形成了他极具个人特点的建筑语言（图1、图2）；扎哈·哈迪德在流线型的空间造型语言上会表现出与库哈斯以及弗兰克·盖里等人完全不同的语言特点；勒·柯布西耶与路易斯·巴拉干以及安藤忠雄在关于光、体量以及材质等建筑语言上有着各自全然不同的风貌。

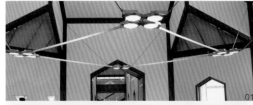

01 . 贝聿铭收山之作：苏州博物馆

02 . 贝聿铭设计伊斯兰艺术博物馆

03 . 路易斯·巴拉甘作品

04 . 巴塞罗那德国馆

二、空间的时间性

空间的时间性首先表现在空间本身具体的时间经历上。如建筑中的空间有着其自身生成、持续、衰败的寿命周期。一天的光影变化，一年的四季变化也会在建筑空间本身留下痕迹与烙印。这种时间在空间上留下的痕迹也是建筑空间本身对于这些变化的反应，从而使得建筑空间在时间的维度上得以变化，这同时又使得建筑空间具有了历史意义。

空间本身经历的时间特性不是为建筑艺术本身所独有，雕塑艺术在这方面有着与建筑相同时间特征。但空间作为建筑这种立体空间艺术门类的基础性语言，必然有着其自身的特殊性——时间序列，使得它可以与雕塑这些类似的立体的或空间的造型艺术区别开来，虽然空间也是雕塑艺术中不可或缺的造型语言之一。

对于空间序列的设计，一直以来都是空间设计的重要内容，从古代埃及金字塔建筑组群到中国紫禁城，以及在城市与园林空间中，这些空间的序列往往依次因人的行进途径展开，并在人的行进中产生空间体验。建筑、园林、城市等空间的设计主题也在这空间的时间序列展开中被逐次呈现出来。

空间序列呈现的感知往往被人的行进、停止等活动所影响，在人们停与走之间，在人们的行进速度快慢之间，时间的感受也被相应地收缩与延长，序列的节奏感也会因此而变化。例如在城市中，步行街的长度往往为人们的步行速度与人们步行疲劳时间所决定，而商业圈的影响范围则往往由所能到达的

05.萨伏伊别墅　　06.流水别墅

汽车车速以及到达目的地所需时间来决定，在这不同的速度设定下，人们对于空间的认知受到到达所需时间长短的影响。

三、空间的流动性

19世纪80年代以前，在西方建筑艺术中，人们对于空间是以一种静观的态度来认知与理解的。对于建筑空间的艺术美学观，更多是从因果律的、直线性的思维方式来讨论，欣赏的是那种永恒的、绝对的、凝固不变的空间关系。而现代主义艺术的兴起，带来了人们对于空间观念的变化，并在视觉艺术领域获得了极大的成就，如立体主义绘画、未来主义画派，以及构成派等艺术流派的艺术家们打破了旧有的静态空间概念，将空间视为连续的、具有速度性的、彼此渗透着的关系总和。这些思想为新兴的现代主义建筑理论建设提供了直接的借鉴与参考（图3）。

随着西方现代建筑建造技术的发展，建筑的围护结构与支撑结构分离开已变得易于实现，也就意味在技术上自由分割的空间也开始变成可能，进而实现空间的连续性和相互渗透性。1929年西班牙巴塞罗那国际博览会中的德国馆、1930年萨伏伊别墅以及1936年流水别墅的建成，标志着现代主义建筑对于空间连续、流动、渗透的概念设想的具体实现（图4、图5）。

而在东亚地区的传统建筑中，流动空间的意识一直存在于中国古典园林和日本建筑空间之中。明代晚期由计成撰写的《园冶》一书中，明确提出了"步移景异""虚实互生"的园林空间创作手法与理论，这是极具东方艺术意识的流动空间思想。而日本12世纪末的寝殿建筑空间中，将卧室、储藏间、佛堂设置于建筑中央位置，使之被其他房间所包围，而各个房间之间以薄障壁和推拉隔扇分隔，形成平面紧凑、空间相互穿通的不对称式的建筑空间格局，形成了日本特有的建筑流动空间意识与手法。

02
空间构造的基本要素

在不同的专业范畴中，形式的含义是各不相同的。在视觉领域中，它可以指能被辨别的外观；在艺术和设计中，则多指作品的外形结构；在建筑内外空间设计中，形式的含义多指内部结构与外部轮廓以及各个部分的整体结合方式，物体的三度体积或容积这些具体的内容是其关注对象。一般来说，形式在视觉上具有下列视觉要素：形状、尺度、色彩、质感、方位等，同时与视觉心理以及视觉习惯紧密联系。

建筑艺术的魅力，无论在建筑的外观或是内部空间，相当大部分来源于其本身造型的感染力表现。建筑的内外空间构成是建筑视觉形式的物化依附所在。视觉形式构成的目的是建立可以为观察者所掌控的统一视觉规则，从而在心理上建立对于空间秩序化的认识和感知。这种空间统一视觉规则，也就是秩序，一直都是维特鲁威时代以来绝大多数建筑师所乐意接受的，但到了后现代主义时期，却也出现了一些有意违背这一建筑正统目标的建筑师。同时由于这种统一的规则随人们对构成建筑外在视觉形式的基本要素的不同认识，在不同的时期和不同的地域有着不同的理解和分类，这些不同的理解和分类会引起形式构成元素在具体内容上的不同表现。在现代主义建筑体系下，对于建筑形式构成的讨论多是以几何学为基础，以点、线、面、体为基本构成要素来进行的。

一、点

在空间造型中，点这一元素是最为细小的。在抽象的空间构成中点表示着在空间中的位置，它是无长、宽、高和方向性的，是静态的。

但空间中的点在不同的空间构成层面上有着不同的作用，我们可以从空间中的点和视觉效果中的点来加以探讨。

在平面层次上对点构成的探讨，可以在一些有关平面构成的书籍中找到，这里将着重于对空间中的点的探讨。在空间中，一个点通常具有下列几种可能的情况。

（1）一条线段的两端（图 7-a）。

（2）两条线的交点（图 7-b）。

（3）面或体角部线条的相交处（图 7-c）。

（4）一个范围的中心：从理论上来说，点是理想化而没有形状和体态的，但当置于空间视野之中时，它的存在与作用是能立即被感知的。如当点处于某个环境中心时，它会有一种稳定感和静止感，当以自身为中心来组织周围空间时，则对该空间起着控制作用。而当这个点从环境的中心位置偏移向其他位置时，该点便会形成强烈的动态，与周围的空间形成紧张的关系。从某种意义上来说，就会如同向平静的湖面上掷一颗石子，石子激起的涟漪会扩张影响湖中的倒影一般。正是这种空间点元素对于周边环境的影响，所以空间中的点在被强调时有着强烈的空间场所控制性（图 8）。

在具体的空间环境里，点元素往往被赋予具体的形态和体积，在对于点状元素的秩序安排中，点的聚合组织在空间中除去视觉的均衡意义外，往往还具有下列作用。

（1）空间形式主题的强调。

（2）空间层次关系的暗示。

在具体的运用中，点的元素组织也有多种手段，从形态造型到灯光的布置，以及空间中物体的组织与强调，都是点元素实现其空间形式目的的途径（图9）。

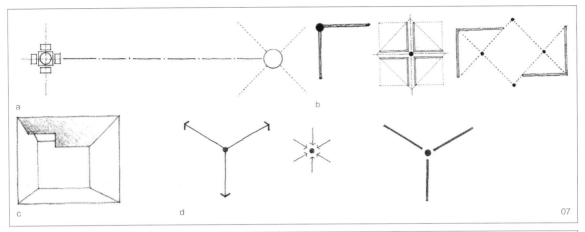

07. 点　　08. 圣彼得大教堂穹顶与广场的方尖碑构成了建筑组群的轴线关系

二、线

对于线的论述，一是认为是由点的运动轨迹构成的，点运动的快慢缓急和方向决定了线的性质；二是认为是面与面的交界构成了线的存在，面的特征决定了线的性质。

而在造型艺术中，线被视为物体造型的外部轮廓。自以康定斯基为代表的构成派以来，线本身的形式与人们的情感反应联系在了一起，从而丰富了线在空间中的表达能力。如水平线表达着安详和宁静，垂直线表达着向上和崇高，斜线表现了一种动态，曲线表达了活泼或者是迷茫，而锯状折线则表达了一种紧张情绪等。

在建筑的空间形式构成中，线的造型和形式控制作用表现十分丰富。在建筑空间形式中，有些线的显示可以不为视觉所感知，而通过人们的行进活动所察觉，如空间序列中的活动路线、轴线等。

在具体的空间形式构成中，线主要具有下列作用。

（1）表现穿越空间的运动（图 10-a）。

（2）为顶面提供支撑结构（图 10-b）。

（3）形成三度的结构框架以包围建筑空间（图 10-c）。

（4）建立空间中各元素之间的联系（图 10-d）。

空间各个元素之间组织关系的设定可以由线性关系来确定，在组织人的视线流程时，视线由一点扫向另一点，在点与点之间跳跃就构成了线性的关系。在这种线性关系中，各个元素的主次安排也就成为视线的线性移动轨迹。

在另一种建立空间元素之间的联系的作用中，线的感受往往

09

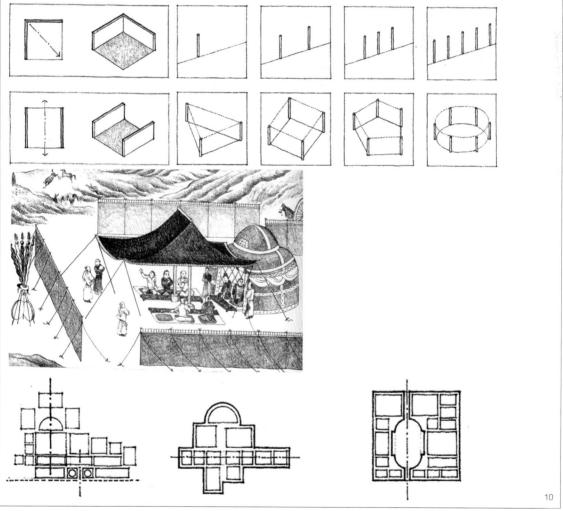

10

09．室内空间中的点状元素　　10．空间中的线

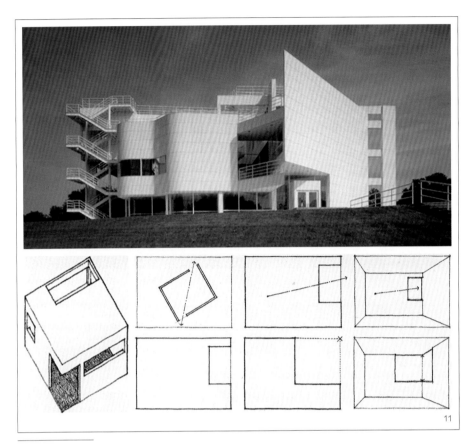

11 . 空间中的面

不是视觉能立即捕捉的，其主要表现在对于关系的感知上。比如，对于建筑平面生成的"骨骼"和道路肌理的探讨实际上往往是在空间中为视觉所不能感知的线性因素所构成的。

三、面

面可以被看作是由线在沿着不同于自身延伸方向的运动而形成的，也可以看成是由于点的聚合所构成的。对于面，其重要的识别特征在于形状。对于建筑的内外空间形式来说，面对于三度空间的围合起着至关重要的作用，面面之间的空间关系，面的尺寸、质感、色彩、形状直接决定了该被围合空间的视觉特征和质量。

在具体的空间形态设计中，我们主要接触三种类型的面。

（1）顶面。

（2）地面。

（3）墙面。

对于具体的建筑空间围合构成面，在具体的呈现方式上则可以有可见的实面和可感知的虚面，如孔洞或虚拟的界面等。

孔洞的存在使得空间之间在视觉上与行动上的连续性得以实现，如门窗的存在使得光、外部景致、行动、视野、空气得以相互间流动。孔洞的位置与大小会赋予空间不同的特性，特别是处于角上的孔洞，在视觉上会削弱面的边缘效果，如果孔洞处于转角位置，则甚至会削弱被围空间体量的明确性，并造成空间向外的延伸感。

孔洞与实面在纵深方向或水平方向上的平行组合在视觉上形成了层层透叠的空间视觉感受，这种各种面的透叠关系加入不平行的组织关系——缠绕、交叉——则会产生更多的相互渗透的内容，从而使得空间的渗透变得更为复杂。

目前对于建筑表皮、膜、外观肌理、界面的融合和分离等话题的讨论从某种角度来看，可以视为面或层形式因素的构成关系（图11）。

四、体

所有的体块都可以被视为是由下列元素所组成的。

（1）几个面的相交点或顶点。

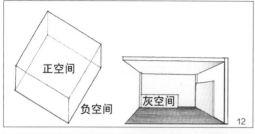

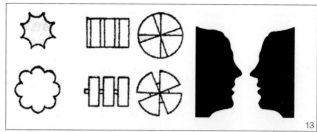

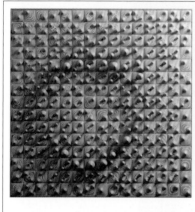

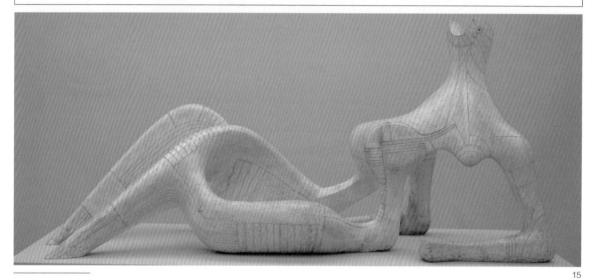

12.正负空间　　13.图底关系　　14.空间的"图与底"关系　　15.现代雕塑

（2）面与面的交线或边界。

（3）用于限定体的界限的面或表面。

　　形式是体所具有的基本的、可以识别的特征。是由面的形状和面之间的相互关系所决定的，面在此表现为体的界限。

　　在建筑空间设计中，体块的存在有着两种状态：实体和虚空——空间（图12~图13）。

　　在空间的性质上，我们可以做如下划分：

（1）正空间：为围合体所封闭的围合空间。

（2）负空间：围合体外的空间。

（3）灰空间（中介空间）：正负空间之间过渡存在的空间，同时兼有自然空间与人造空间的特点，如亭、廊、中庭等。

　　具体的建筑空间设计中，实体与背景之间存在着紧密联系。在平面中，面与周边往往存在着如下特性：

　　凡是被封闭的面都容易被看成"图"，而封闭这个面的另外一个面就会被看成"基底"。在特定的条件下，面积小的面会被看成"图"，而面积大的面会被视为"底"。质地比较坚实的图形，容易被视为"图"。凸起的式样容易成为"图"；凹入则容易使图形成为"底"（图14）。

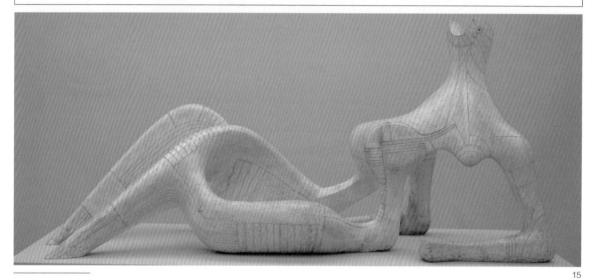

16

17

16. 空间与物品的"图与底"关系
17. 空间与物品的"图与底"关系

这就是平面图形中的"图与底"理论。"图与底"理论在空间设计中的作用有着下列特点：

一座建筑与建筑周边的空间关系，我们可以看成是"图与底"关系，建筑、雕塑与图形相比，具有"图形"所应有的一切性质——它不仅是件封闭的立体物。而且具有一定的质感、密度和硬度。

从普通人对于建筑的认识来说，建筑总是被人们设想为一件由内向外凸起的各种几何体的组合，体块组合的凹入部分和中间穿孔部位，则被看作是几何体各个部分之间的间隙（相当于图形之间的间隙）。这些间隙，在相当长的时间里，在建筑设计中从属于建筑的凸起部分。现代主义建筑出现以后，这些凹入部分的作用效果才日益被解放出来。

首先，对于凸出的体块或图形来说，在视觉心理上，多具有向周边环境扩散的视觉感受，在"图与底"关系上，这种凸出的体块或图形单位，对于"基底"往往是具有侵略性的。

这种虚空与实体之间的结合并非只是出现在建筑的形式之中，在其他姊妹空间艺术中，这种结合方式也是存在的，如在现代雕塑中的孔洞概念。孔洞技术打破了西方传统雕塑中固有的概念，即认为雕塑是被空间所围绕着的实体，孔洞技术则使空间成为雕塑的一部分，让空间穿行在雕塑中间，空间与雕塑融为一体。这也是现代雕塑具有的重要艺术魅力（图15）。

在相当长的时间里，建筑和雕塑往往以一种独立的实体出现，从背景中孤立出来，将一切的活动都集中在自己身上。而在现代建筑与雕塑创作中，对于凹入形式的运用，使得建筑各个组合结构之间的配合关系变得更为密切和完善。

在室内，家具、灯具、饰品与空间的界面以及环境之间也存在着这样的"图与底"关系，在季裕棠的作品中（图16），我们可以看见家具、灯具、水果等物品是如何成为空间中的"图形"的，而图17中，家具的色调与空间背景的色彩是如此的接近，以至于几乎难以将它们从空间中分辨出来，而黑色的镶边将家具给予图形化的勾勒和强调，从而将家具成功地从背景中显现了出来，"图"与"底"的关系实现了戏剧化转变。

03

空间构造的组织形式

杂乱的视觉要素在人的知觉反映中不是孤立存在的，而是以整体感知的方式被表现出来。即在人的视知觉中，人所获得的各个视觉要素会组织成为一种有意义的整体结构形式。这种在认知心理上获得的整体结构感知形式的组织原则有四种，由格式塔心理学家韦特海默所总结提出的相近似组织原则、类似性组织原则、封闭性组织原则和完形趋向性组织原则。认知心理学认为，人的大脑是一种动力系统，在这个系统中，在视觉上所获得的各种视知觉元素在一个范畴中是相互作用的，在这些相互的作用中会形成一种知觉结构，这种结构是由视觉刺激本身所引起的，与感知者个人的经验、高级心理无关。

一、空间的近似性组织

心理学家们发现，在空间中彼此密切接近的视觉元素比相隔较远的视觉元素在视知觉上易于形成整体结构感知。一般来说，在视知觉中，单个的视觉元素本身会在知觉上形成单个的力场，多个视觉元素之间就会彼此间形成视觉的连接引力，因此彼此间距离越近的元素就越易于组合成一个整体的视觉形式。距离便是形成视觉整体的最简单、最基本的组织条件。如图18中，相同的小方块，在组团式组织时，当彼此的间距大于方块的边长时，人们知觉到的是四个小方块，在彼此的间距小于方块的边长时，人们知觉到的则是一个整体。

在我们生活的空间中，无论是家具、灯具还是柱列或柱网，只要这些物件彼此接近，人的视觉就可以在大脑中将它们组织起来并形成稳定的、连贯的整体形式。且这种整体的形式

与单个的视觉元素能够形成对等关系，即这种多个视觉元素被感知为一个形式整体的时候，它的整体视觉引力与独立的视觉单体所起的视觉引力作用可以是一致的，这是一种对外的知觉特点表征，即近似性组合的外向特征。然而，这种由多个视觉元素组织构成的结构尽管表现为一个整体，但依然是由多个的个体所组成，且这些个体依旧保持着自身的视觉特征，这种对内的视觉表征便是近似性组合的内向特征（图19）。

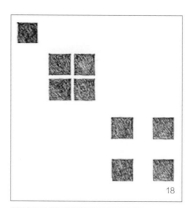

18

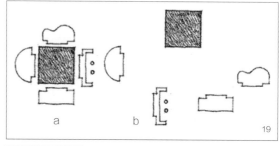

a   b   19

18.相同尺度的方块组合　　19.图形的组合与分解

20.无锡的风尚雅集餐厅　　21.分化后的室内元素

1. 近似组织的外向性特点

当多个视觉元素在感知上组织成为一个整体的时候,这个整体会具有独立元素的特征。这种组织方式在空间的视觉组织构造中可以有对环境进行划分、组织造型和简化视觉关系的作用,从而实现空间的视觉引力的扩张或平衡。在风尚雅集餐厅的图例中(图20),我们可以看见悬在空间上部成列的画板形成了整体的空间结构,并与下面的烛台、理石台面相对应,形成了整体上的隔断认知,对空间进行了分隔。这个隔断的视觉形象使得空间的组织结构变得简洁,同时也由于是多个造型元素所组织形成,空间的视觉内容也就不会变得单调。

从相反的角度来考虑,也就意味着,从视觉的接近性原则出发,一个大的整体实际上也可以是分割成为若干视觉单元的,而一个视觉单元又可以继续分解为若干相近的视觉因素,且各个元素之间有着相互影响与呼应彼此的关系。继续如此分割下去,就可以使得空间的结构层次从一个大的整体向不同深度推进,直到完成整个空间视觉结构组织。如图21中,室内场景可以分化为四个部分,而每个部分由于其自身的组织关系,又可以继续分解为各个家具、陈设物件以及艺

术品的组合关系。

2. 近似组织的内向性特点

多个视觉元素组织的一个整体会具有独立元素的特征,但这些组成的元素依然保持着自己的视觉特征,这是与单个的独立元素所不同之处。

在由各个视觉元素组合成的组群中,组群内部本身是各种视觉单元的吸引与排斥,不同的视觉元素组合关系会导致不同的视觉认知感受,且组群内部各个元素组织关系中所形成的缝隙、间距使得视觉得以放松、扩大和穿透,而这些缝隙与间距有时就是视觉兴趣点发生所在。同时由于各个相互接近的要素在大小、形状、比例、色彩和构图等关系的相互作用,使得各个要素本身具有的表现力在组合关系中或加强或减弱,从而变得更易于组织趣味和空间韵律(图22)。

在各个元素彼此之间的影响关系组织上,则有相离、相联、围合等几种主要的手法。

(1)相离:在某些时候,空间中存在众多需要独立欣赏与评价的对象时,物体间的组合关系就需要消弱,而被欣赏的各个对象之间关系需要彼此互不影响。例如,在博物馆中或是美术馆中展品与展品之间,雕像与雕像之间,就要尽力消除

22.趣味且有韵律的几何组合　　23.美国，丹佛艺术博物馆　　24.柱列空间

各自周边展品或雕塑对自己的影响。当然，这种过于缺少视觉组织关系的因素在整个空间环境中不能存在过多，否则会造成视觉感知上的混乱（图23）。

（2）相联：空间视觉环境中，较大的空间视觉要素的组合可以形成对于空间的分隔，例如柱列。知觉的组织是通过各种外在的物理力量和个人的心理组织相互作用的结果，柱列的分隔空间作用是因为不仅仅存在着空间实体的柱子，而且还在于心理感知上的柱与柱之间联系的力场作用，这种为心理认知所联系的力就构成了柱列群组的存在，使得空间的分隔在心理认知上得以实现。相联形成的空间分隔是一种模糊的心理分隔，对于空间虽能起到分隔作用，但却不能隔绝视线的穿透。这种模糊的空间隔绝性，使得柱列所形成的空间界面变得虚实相生，在审美趣味上往往十分生动（图24）。

（3）围合：对于空间的分隔的另一种重要的手法是家具的围合。其中坐具对空间的围合关系往往更为容易被感知出来。空间环境中，坐具间临近的组织关系非常容易在空间中形成整体性的组群认知，从而形成独立于大空间背景下的"另一"

空间。

二、空间的类似性组织

空间视觉要素组合中，各个元素之间如果存在着类似的部分，那么这些空间要素在心理认知上被认同为共属于一个组群的认知度要高于以接近原则组合起来的空间视觉要素。空间视觉要素的类似部分范围包括大小、形状、色彩、材质、方向以及速度的各个视觉元素的物理属性。当空间环境中的各个视觉要素在这些物理范畴中具有某些共同点时，观察者在大脑中就会在这些视觉要素之间建立相关联的联系，从而使这些要素建构成一个认知上的整体。

空间本身在形式特征上，由于有其自身的具体形态和三维的度量，所以才能够以"形体"的方式为人们所感知，这种整体性的空间认知与接近性组织的空间认知关系所形成的空间认知有着极大的不同，相比较而言，接近性组织原则下形成

25．家具组合所形成的空间　　26．墨尔本的拉筹伯大学分子科学研究所

空间认知受到观察者的视域范围限定，且形成的空间组群特性是场景性的、片段性的。而类似性组织原则下形成的空间认知则带有时间序列的特点，各种类似的视觉元素可以在空间中按人的行进序列进行组织，使之被游走在空间中的人多次感知，并形成空间的整体认知。因此，类似性组织原则下形成的空间整体认知已经抛开了在位置与空间上的静态分布限制，扩大了对于空间进行表达的手段范围（图25）。

以墨尔本的拉筹伯大学分子科学研究所（图26）为例，在空间中，六角形蜂巢状的结构在空间中不断地重复出现，并从建筑的外立面一直延续出现到建筑的内部空间——在楼梯上，在天花上，在入口大门上，这些类似的结构不断伴随着人们的前行出现，从而在人们的头脑中整合成为空间的整体

环境感知，使得建筑从外部空间到内部环境表现出高度的整体性。

类似性的视觉元素在空间的不同阶段、不同环节用片段式组合方式来使人们获得空间的整体认知。这类空间视觉在空间认知中与空间的序列关系联系紧密，从而构成空间的总体样式，并形成形态的综合表现，有利于空间的设计与营造思想和意识的统一。

在空间中，总是存在着类似性的视觉要素和异质的空间视觉要素，在组织类似性视觉要素的设计中，要意识到，完全的类似性组织将使得空间的视觉效果变得呆板，因此，异质的空间视觉要素的存在是十分重要的，这会有助于打破空间的呆板与单调。然而，如何协调好类似性的空间视觉要素与异

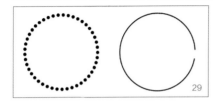

质的空间视觉要素之间的组织和结合关系，从而协调好空间
的视觉效果就变得十分重要。

在具体的组织手法中，安排好类似性的空间视觉要素与异质
的空间视觉要素之间的比例关系是首先要考虑的。一般来
说，在空间中占据了视觉刺激绝对优势的因素控制了空间的
感知力度。如在王澍的作品宁波滕头案例馆（图27）中，旧
砖瓦材质的大面积使用在空间中占据了绝对的优势，因此，
也就绝对的控制了空间的整体效果，同时空间的部分墙体、
建筑构件再辅以异质的竹材材质，就在空间视觉中形成了材
质的对比关系，使得空间又不会变得呆板和沉闷。

类似性的空间视觉要素占据视觉优势的另一个方式就是处理
好其自身与异质视觉要素之间的图底关系。类似性空间视觉
要素在空间中无法占据量的优势时，要控制住空间的整体性
认知就可以考虑在空间的各个重点部位组织好其与异质空
间视觉元素的主次关系或图底关系。如在无锡惠山脚下的伴
山会馆餐厅的空间设计中，由于建筑空间本身为文物保护建
筑，因此设计师无法对建筑体本身进行任何的改动，因此在
空间的重点部位使用色彩的手法来形成色彩的图底关系来达
到空间性格的塑造（图28）。在图中我们可以看见，在建筑
各个空间主墙面的正中，家具组团中等重要部位，设计师以
红色、橘红色等近似色的视觉元素组成了空间的视觉感知刺

激点，使之与古建筑原有深色梁柱、门窗形成空间主体色、
背景色的图底关系，一扫古建筑本身原有的沉闷压抑感，形
成了明快、温馨的空间性格。

三、空间的封闭性组织

我们在观察事物的时候，倾向将许多个独立的元素视为一个
封闭的图案。我们的大脑会自动填补元素和元素间的空白部
分，形成一段不存在的线段。如图29中，我们可以将一连串
的圆点看成一个较大的圆环，也可以将一个不连串的线段看
成一个完整的圆，这种视觉特性称为封闭性。

这种填补缺口的视觉认知情况不仅仅在二维的图形上产生作
用，也会在三维的空间形体上产生同样的作用。在认知心理
上去闭合缺口，其实质是去建立一种空间的秩序，使得空间
的形态变得有序和稳定，将复杂的空间视觉元素组织成为
一个稳定而统一的形体。这种稳定、有序、统一的空间形体
在空间的艺术表现上，往往能够使得空间变得丰富和有趣，
能将各个视觉元素尽力统一为整体，并建立起新的整体性意
义。如在图30墙面上的照片群组中，各个照片虽有着自己的
内容与主题，但在集合上，它们被认知为一个整体表现着同

30 . 丰富多样的墙面　　31 . 上海采蝶轩餐厅

一的意义。

封闭性的组织关系能够在空间中产生二维或三维的"界面"，从而对空间进行分隔与界定，如图31（采蝶轩餐厅）的壁灯群组中，灯具间间隙被心理认知所"闭合"，从而形成了边界，限定出了餐厅的就餐空间。然而这种"封闭"界面的形成是需要依靠实体的作用才能够得以实现，因此形成这种"封闭"界面的实体组织关系就变得需要推敲了。如果在空间中增加一段不封闭的分隔界面，那么，在人们的视觉认知上就会沿着这个界面的延续方向继续产生心理的隔断感，其中，这种实体部分的隔断感是明确而肯定的，但在继续延续方向上产生的隔断感却是模糊和含混的，因此就会在这段实体隔断中使得人们获得一种既连续又分隔的虚实相生的空间感受。

在空间中，柱、墙、顶、地以及家具都是可以形成实体隔断的元素，而这些元素本身的曲直形式则是确定了虚体隔断的方向和强弱。在空间中，各个构成空间的实体界面之间的秩序性和对应性则会加强或削弱空间封闭性以及复杂程度。如贝聿铭在卡塔尔设计的伊斯兰艺术博物馆中，空间明确简洁，形象鲜明；而在扎哈·哈迪德设计的罗马最新当代艺术馆（图32）中，空间彼此交错、重叠，使得空间的层次丰富而有趣。

另一方面，封闭性的组织关系下的空间有着大量的"虚"体，使得空间往往变得虚实相应，围而不死，模糊性和不确定大量存在，增加了空间的层次、趣味以及意境，使得人们对于空间的认知与感受变得灵活、多样和随机。

32

32．卡塔尔伊斯兰艺术博物馆和罗马的当代艺术场馆

四、空间的完形性组织

完形性原则是指我们视觉和知觉中的空间秩序趋向稳定的组织力，它总是会趋向于使各种单元形成闭合的紧密的整体。这种视觉单元倾向于形成简单的闭合形式，并尽可能使它与其周围完全分离的本能，填充了在视觉上形成的心理空缺，且连接了人们潜在的心理暗示局部。换言之就是人的眼睛有趋向于使不完整的形完整化的趋势。这是非常有用的视觉规律，它能使我们在进行视觉表达时更加科学，更加理智。人的眼睛是主动的认识事物，是根据现有的经验来认识和把握事物，通过经验来认知事物。

人是通过经验来认识和组织所观察到的视觉元素，形成自己

的知觉判断。也就是说当这些经验与所观察的事物在某些特定的特征重合时便产生了知觉，而这种知觉往往是建立在整体的视知觉的把握基础之上的，即人们是通过这些特征的整体关系来认识与把握客观对象的。这是格式塔学者提出心理完形说的基础。具体到绘画上，就是个别的哪怕是最精致的元素，如人的面部与其他元素如地上的石头，在艺术创作的整体结构中并无本质区别。重要与非重要，突出与非突出，并不是由于刻画的深入与否决定的，而是由它们的整体关系决定的。

心理认知研究发现，人在视知觉中，尽可能会将所见的各种

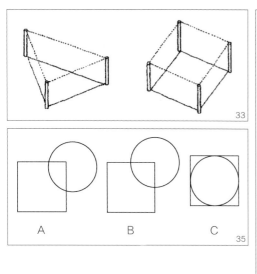

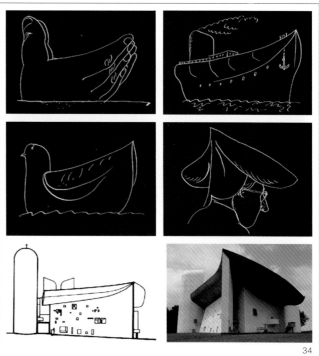

视觉元素组织起来，并认知成为一个"完好"的形体。所谓"完好"，是指匀称、简单且稳定的，不可再简化或再整合的形体。而从人的认知心理来说，简单而完美的形体由于消除了认知上的混乱感和紧张感，会给人带来稳定、直接明了的空间知觉，从而产生平和而安详的感受。

在视觉中，一组视觉元素所需的被感知的结构信息越少，则越易于被感知到。即在有较多选择时，人的视知觉会偏向选择较为简单完好的形体。以正方形和普通三角形为例，虽然三角形的形成要素少于正方形，只有三条边和三个顶角，但结构却要复杂于正方形；正方形一是四边相同，且至其中心距离也相同，二则结构线条只有垂直与水平两个方向；而普通三角形的三条边边长、方向，三个角的角度，三个顶点的位置都不相同，使得其本身的结构关系要复杂于正方形，因此，正方形的感知度要较三角形更为容易识别（图33）。

非"完好"的、繁复的形体与人的趋简性本能相悖，则会使得观看者会不自觉地形成去寻找、概括、简化该类形体结构并再组织的认知心理过程，这个过程越复杂，则对于这类形体的认知会越发出现不稳定感和紧张感。

从认知来说，单个简洁的、规则的形体虽易于被很快识别出来，但这类形体往往又会带来无趣的感受，而非"完好"的、略为复杂的形体会激起人们的较长注意力和好奇心，观察者的视觉对于这些形体元素的组织也会变得稍微困难和紧张，继而是积极地组织，直至组织完成，最初的认知紧张从

而消失，这样一种从始到终，有起有伏的认知过程使得观察者对于形体不再是平铺直叙的认知也就成为一种有趣的体验过程。这种认知过程在勒·柯布西耶设计的朗香教堂（图34）空间体验中极为明显。对于朗香教堂的形象，人们观感不一，充满了陌生感和复杂性，有人曾用简图显示朗香教堂可能引起的五种联想：合拢的双手、浮水的鸭子、一艘航空母舰、一种修女的帽子，以及攀肩并立的两个修士。这些形象在人的脑海中模模糊糊，闪烁不定，还会合并、叠加、转化。所以当人们在审视朗香教堂时，会觉得它难于用清晰的语言表达心中的复杂体验。而贝聿铭设计的作品中，往往会使用一些三角形的形体来作为建筑物的造型母题，由于三角形的形态较矩形形态更为复杂，因此也就易于形成空间的关注点和兴趣点，成为空间体验的刺激产生源。

同时，简单而规则的形体如果要激起人们的较长注意力和好奇心，则可以通过在彼此组织结构关系的调整上来实现目的。这种手法在空间的群组性元素组织中往往被广泛使用。群组性空间元素的组织所形成的空间形态往往不是单一的空间形式，而是各种不同空间的组合。因此，空间组织的结构不同会导致对整体空间完好度认知的不同。如图35所示，在形态的认知上，由于圆形和正方形中心位置的对应关系的不同，图C的简洁性要大于图B，而图B的简洁性又要大于图A。这种类似的结构关系的变化在空间的组织中也会引起人们对于空间形态完好性的不同判别。如在图36中，两个矩形

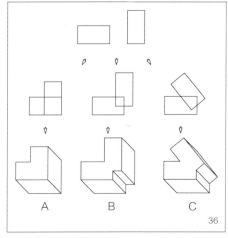

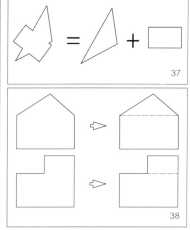

36. 图形的组合
37. 图形的简化
38. 空间分割
39. 加利福尼亚水晶教堂

平面不同组合情况下产生的不同空间会导致不同的空间认知程度。因此，在空间元素组合时，要注意对空间的整体性认知度的把握。

完形的视觉心理认知说明人在视觉认知上的单纯化倾向，即人们会尽可能地使用简洁的结构关系去认知与把握所需认知的对象。就像在对于朗香教堂的视觉认知上，人们会乐于接受用一些可能与教堂相关的图形来帮助自己去把握与理解这个复杂的空间，也正是这个视觉认知简化的趋向才会使得人们对于空间的认知产生偏差和异化，也就造就了空间的趣味性的实现可能。

一般来说，设计的思维是从简单到复杂的一个过程，例如，设计者在空间造型的设计上，往往是从一个简单的基本形出发，再进行变形与演化而产生的。而人的视知觉过程却是一个删繁就简的还原过程，无论如何复杂的空间形态，人们在认知上总是有将其简化的趋向。这个规律也导致了单纯的几何形体或空间中的微小变化往往会被忽视，且越大的体量，这种微小的变化就越难以被发觉，如在日本设计师丹下健三的代代木体育馆中，本是椭圆的平面空间由于长短轴之间的差距变化较小，使得人们对于这个空间的认知变为了圆形。

在知觉上，对于复杂群组的简洁化认知并不一定就只是将它归结为单个的某种形体，时常也会是两个或几个简单形体的组合。例如图37中，经简化后，就会被认为是一个三角形和矩形的结合体。知觉就是以寻找出最简的、最清晰、最基本的"完形"来把握与认知复杂形体的。而复杂的空间形体在这种简化的认知过程中被分解，分解出"完形"的过程，实际上也就成为了心理上所认知的空间分隔与划分（图38），其中被认为不同空间的分割处就是认知心理上的分隔处或主观分割界面。以菲利普·约翰逊在加利福尼亚设计的水晶教堂教堂为例（图39），该教堂有着一个巨大和明亮的空间，从而被众人评为"世界最壮美的十大教堂"之一，壮观、绚丽而通透，教堂的平面形式并不规则，但菲利普·约翰逊在设计时利用了这些不规则空间，使之在知觉上被分成几个空间，形成了既相互交融又彼此独立的空间形式来。

有时空间的完形性组合与空间的封闭性组合的共同作用下，会使得空间在组合形体的交接部位出现重叠的心理空间认知，从而使得空间的形象更富于变化，例如密斯·凡·德罗的巴塞罗那德国馆中流通空间，黑川纪章所发现的"灰空间"，都是在空间的交接部位产生了空间重叠关系，从而使得空间的形象和认知变得十分丰富与生动。

04
空间的序列布局

所谓空间序列，是指空间在组织结构上的先后顺序，是设计师按空间的功能要求、设计意图给予合理组织的空间组合。空间序列要求在空间设计中根据设计的要求，对空间作组织、安排，使各个空间之间有着顺序、流线和方向的联系，从而形成一个完整而和谐的整体的思维过程。具体内容包括：安排功能分区，组织空间流线，安排空间起始与结尾的秩序结构，组织结构与材料，并结合空间主题组织的详略，考虑空间立意呈现的线索，设计空间序列的开头、结尾，谋划过渡、照应等。安排这些因素要有一定的取舍和详略，要把最能体现设计立意的因素作为空间设计和创作重点来处理，把那些只是起辅助作用的材料可以安排得简略一些，这样才能使整个空间关系详略得当，重点突出，中心明确。

空间的谋篇布局就是整个空间的结构，它是空间部分与部分、部分与整体之间的内在联系和外部形式的统一。如果说立意是空间的"灵魂"，结构构造以及结构材料是空间的"血肉"，那么序列结构就是空间的"骨骼"，它是解决成"形"备"体"，言之有序的问题。因此，只有精心谋篇布局，才能把各自游离、互不联系的内容统一起来，组成一篇和谐完整的空间作品。

计师在头脑中有了这样一个叙述的顺序设计，就能够做到在空间的序列结构组织中纲举目张、条分缕析、层次井然。

同时要注意，无论空间造型采用什么样的形式、形态，都要使游览者通过空间的序列组织了解设计的立意，空间的序列组织结构要服从于空间立意和表现主题的需要。形式必须为内容服务，这是安排空间序列结构时必须遵循的一条原则。要根据主题立意的需要，全面考虑先安排哪些内容，后安排哪些内容，哪些需要强调，哪些简略处理，避免"下笔千言，离题万里"。

其次，要巧用结构技巧，技巧运用巧妙，能更充分地表达主题。莫泊桑在《谈小说创作》中说："要利用那最恰当的结构上的巧妙，把主要的事件突出地表现出来，而对其他的事件则根据各自的重要性把它们作成深浅程度适当的浮雕，以便产生作者所要表现出来的特别真实深刻的感觉。"这个道理也同样适合于空间作品的创作设计。

总之，空间的序列结构中，不论有多少个层次，形成多么复杂的格局，都必须以表现主题的需要为依据。否则，所谓轻重、大小、主次、详略等都一律等同处理，空间的表达就失去了依据，空间的布局也就没有了准绳。

一、正确反映客观事物的固有规律和内在逻辑

空间的体验，有其一个线性的发生、发展、结束的过程，这种线性发展过程有如文章故事的叙述性展开，而空间设计者就要组织设计好这种空间的叙述秩序，围绕空间的设计立意，运用造型形式来展开。因此空间线性的叙述也会存在着倒叙、插叙、补叙等手法，使空间的体验顺序发生变化。设

二、适应不同空间尺度的特点

空间的项目不同，空间的尺度大小和序列结构方式也就不一样，所谓"量体裁衣"，空间的处理上，针对项目的具体情况要具体处理。以园林为例，皇家园林规模宏大，在空间的起始阶段的处理就往往和江南私家园林中的"小中见大"式的处理方式不同，要求入题快，结构就相对复杂，严谨缜密、场景宏大往往是皇家园林中的空间序列起篇的特点。而

40

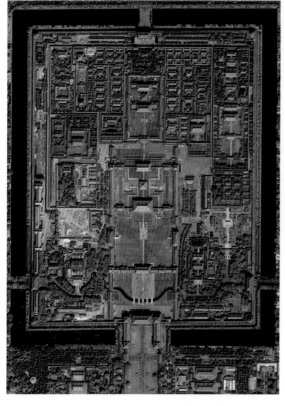

40.皇家园林与江南私家园林

41.故宫轴线序列变化

江南私家园林中，空间篇幅紧凑，结构多变灵活，层峦叠嶂的空间层次，彼此相互渗透的景致关系，就成为了空间序列处理的重要手法（图40）。可见，有什么样尺度的空间，就有什么样的与之相适应的空间结构，要因体制宜，实现内容与形式的完美统一。

空间序列的处理方法有以下几种。

（1）一连串空间沿主要的人流路线逐一展开，并安排好空间的起始与空间情感的高潮组织节奏。一个有组织的空间序列，如果没有高潮必然会显得松散而无中心，这样的序列将不足以引起人们情绪上的共鸣。在空间的高潮区域，空间形式的处理上首先要把体量高大的主体空间安排在突出地位上，其次运用空间对比手法，以较小或较低的次要空间来烘托它，使之能够得到足够的突出，成为控制全局的高潮。

与高潮相对立的是空间的收束。在一条完整的空间序列中，既要放、也要收，只收不放会使人感到压抑、沉闷；但只放不收则会使人感到松散或空旷。收和放是相辅相成的，没有

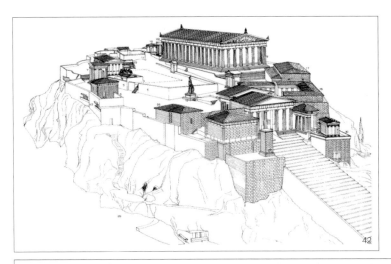

42.雅典卫城空间序列　　43.天坛建筑群空间序列

适度的收束，即使主体空间再大也不足以形成高潮。以北京故宫为例，故宫的主要建筑空间在尺度上进行转变，从而构成了空间节奏。故宫从正阳门至景山，在一条长达3.5公里的笔直中轴线上，布置了十四个主要庭院，这些庭院之间交错使用了收、放与聚、散的手法。空间的体验上从而形成了空间节奏。作为高潮的太和殿建筑组群，被安置于序列的正中，这样就使太和殿建筑组群在众星拱月式的空间布局下成为空间的控制主体和形式主题（图41）。

（2）在一条连续变化的空间序列中，通过空间形式母体的渐变或多次重复来控制空间的整体性，观者通过空间形式母体的连续变化获得空间序列递进关系的韵律感，进而为空间高潮的出现起到诱导作用。如在古代的埃及神庙空间序列组织中，空间的高潮位置上只是一个矮小的神堂，而在整个神庙的空间序列处理上，则是使用了空间尺度的递减关系，以及空间对于人的压缩感营造来达到神庙的神秘和庄重感的获得。屋顶越走越低，地面越走越高，柱子越来越粗大，空间越来越小，光线越来越暗……人在连续的、一系列的空间挤压与压抑中来到神堂前，前面空间对于行进者一系列的挤压，在此获得了其最终的目的，人在一系列挤压下，呼吸变得急促而紧张，在巨大的挤压感下，对于法老神秘而强大的力量感也油然而生，进而体验者最终匍匐在法老权势的脚下——空间序列营建的目的也就达到了。

（3）在空间序列中，设计空间节点来控制空间的序列节奏。这种方式在风景园林中多被使用。如我国古代众多寺庙以及唐宋以来的皇家陵园空间序列设计中，这些建筑组群的空间序列都很长，但建筑物却并不多，只是在些重要的空间位置设置只起画龙点睛作用的空间节点性建筑物，例如明十三陵中的长陵，从入口石牌坊到长陵，在这条6公里长的空间主体行进路线中，安置了石牌坊、大红门、碑亭、神道石像生、石桥等空间节点性建筑小品，这些建筑小品使得空间的序列节奏平缓延绵，苍茫低沉；而空间在达到棱恩殿时形成高潮，再至方城明楼棱丘而结束。

在西方，希腊雅典卫城的空间序列关系也是使用了类似的手法，卫城建在一个陡峭的山岗上，仅西面有一通道曲折而上。在从山脚到山顶的游览路线上，在起点、入口、卫城中心点、祭祀广场等空间节点上设置了胜利神庙、山门、伊瑞克提翁神庙、巨大的雅典娜雕像以及卫城的主体建筑——帕特农神庙。在空间序列的发展上，空间沿山体曲折而上，形成一唱三折，激烈刚健的空间基调。这些空间节点上的建筑彼此在尺度与气质上被相互对比，形成小、大、小、大与柔、刚、柔、刚的空间节奏的对比关系，尤其是在伊瑞克提翁神庙与帕特农神庙之间的关系梳理上，尺度较小的伊瑞克提翁神庙建筑造型多变，并被赋予女性气质，从而与宏大、简洁并具有阳刚之气的帕特农神庙形成对比，并衬托出帕特农神庙的主体，形成空间的高潮所在，点明希波战争胜利的英雄气概主题（图42）。

（4）地面高低变化，也能产生空间的节奏变化。地面的下沉与抬高会造成被包围、被保护和控制感、被注视等不同的环境体验。抬高地面往往用于空间主体性建筑的使用中，用以形成空间的高潮所在。而下沉的地面，往往用于形成亲和性空间和内向性空间的营建。天坛建筑组群空间序列的处理，就是我国古代建筑在利用地面抬高手段形成庄重、神圣的空间主题与节奏的典型案例。天坛是圜丘、祈谷两坛的总

称，有坛墙两重，形成内外坛，坛墙南方北圆，象征天圆地方。主要建筑在内坛，圜丘坛在南、祈谷坛在北，二坛同在一条南北轴线上，中间有墙相隔。圜丘坛内主要建筑有圜丘坛、皇穹宇等，祈谷坛内主要建筑有祈年殿、皇乾殿、祈年门等建筑。连接两坛轴线的是一条长360米、宽28米、高2.5米的砖石台，称为"神道""海墁大道"，也叫"丹陛桥"，两侧遍植柏树，自南从皇穹宇处开始逐渐抬升。神道抬升的幅度十分缓慢，使人不易察觉，随着人在道路上的行进，人会发现自己不知不觉之间已是行走在两侧柏树树林之上，而丹陛桥北端的祈年殿、皇乾殿、祈年门已是矗立于纯净的天空背景之下。这种逐渐抬高地面的手法，使得丹陛桥与周围环境的相对位置形成了缓慢的高低节奏变化，进而实现了神圣、庄重的空间立意表达，使得空间体验的高潮从而得以实现（图43）。

（5）多层的空间层次的变化，也会形成空间节奏的多层次性感受。如在中国古典私家园林中，常采用花格漏窗，使空间分而不死；采用景窗、落地窗使空间通而不透；采用栏杆、花墙使空间遮而不挡；采用低墙、矮栏使空间围而不断，在立面的层次关系上形成叠透的序列关系。

空间序列的不同感受，源于序列长短的选择、序列布局中类型的选择以及高潮的呈现手段选择。序列的长短主要由高潮出现的迟早以及铺垫空间层次的多少来决定。因为高潮一出现就意味着序列全过程即将结束，因此一般来说，序列高潮决不轻易出现，高潮出现愈迟，空间序列层次必然较多，通过时空效应给人的心理影响必然更加深刻。因此长序列的设计往往用于强调高潮的重要性、宏伟性和崇高性、纪念性建筑，如天坛、紫禁城、中山陵等。例如中山陵，从入口牌坊到中山纪念堂之间安排了长长的台阶和陵门、碑亭，拉长的空间序列和多层的层次关系使人产生伟大庄重之感。而对于交通类建筑，应体现快速度，高效率，这时常常处理为缩短时间的简洁序列。但对风景游览建筑来说，由于游人会有较为充裕的时间进行观光、游览，就需迎合游人希望看够、玩够的愿望，将空间序列适当拉长，用"通、透、漏"的空间处理手法，使空间相互影响，相互渗透而达到空间既有联系又有分割，使人产生"蒙太奇"的感受，增加游客的兴致。

外部空间序列的关系转换引导也是空间序列的一个重要问题，是组织建筑群空间以及增加空间层次的重要手段。如在两个相邻空间的转折处布置中心式建筑，或者建筑小品，则可以使人感觉到空间的延续与转变。

总之，外部空间序列组织实际上是综合运用各种空间处理手法，把单个的、独立的空间组织成一个完整的、多层次的复合空间，使之依序列关系层层展开，有起有落，有伏笔、高潮、余韵，方才能使得空间统一而变化。

CHAPTER 3

空间认知与环境行为

人们的行为产生于行为环境，受行为环境的调节。空间对人的主要刺激来自于视觉刺激，人们对空间的认识首先是从空间的形态特征和特性等方面得到感性认识的，在感觉的基础上进而对空间形成个人的知觉。知觉过程是一种主动的感知活动，是人们将自我经验及欲望结合在一起的心理活动。空间的尺度并不仅仅取决于人们的生理概念，更多的时候它取决于一种人们所习惯的心理尺度，在空间问题上，生理和心理不能被孤立起来考虑。舒尔茨在《建筑中的意向》一书中指出："我们所能觉察到的是自己的经验之和，要依赖概念，而且对象也不是孤立的，绝对的，只是相对的整体。觉察是有意向的。我们通过知觉直接意识现象世界，它并不能表达客观的和简单的世界。"空间作为一个整体，其间的色彩、材质、触觉、声响等都是建筑空间这个整体中的构成元素，它们同样对处于空间中的人的心理状态造成影响。

01

空间的认知

一、空间的色彩认知

空间认知的过程是由一系列心理变化组成的，个人通过此过程获取日常空间环境中有关位置和现象属性的信息如方向、距离、位置和组织等，并对其进行编码、储存、回忆和解码。空间由与感觉它的人产生相互关系所形成，这一相互关系的确立有约80%来源于人的视觉，其余则与嗅觉、听觉、触觉有关。

色彩是空间信息的表现与传递要素之一。色彩在空间中不仅是一种空间的视觉语言，同时也是一种情感语言。它能够影响人的情绪，诠释人的情感体验。在空间设计中，通过利用色彩冷暖、远近、轻重、大小等视觉物理作用可以调整人们的空间物理感受，例如当希望天花板比实际情况显得更高，就把它刷成白色、灰白色或是浅冷色，并把墙壁刷成与之对比较强的颜色；反之，则可以选用暖色或是鲜艳的冷色，使得天花板在视觉上显得比实际的更为低一些。在心理反应上，色彩则可以调动起感情的刺激，如兴奋、开朗、镇静、消沉、抑郁、零乱等感觉。例如在红色调的空间中，人们会感觉到兴奋与欢乐，对这种空间便有了喜庆的空间情感的认知。而在信息与象征意义的传达与表达上，色彩则可以传递出庄严、轻快、刚健、柔和、富丽、简朴等空间意象。

总体而言，色彩在对于空间的心理认知作用上，主要体现在下面两个方面。

（1）色彩的物理感觉认知上，如对于色彩的冷暖感、轻重感、软硬感和强弱感等；

（2）色彩的情绪感觉认知上，如明快感与忧郁感、兴奋感与沉静感、华丽感与朴素感等。

色的和谐表现为色与色之间对人眼色彩平衡感的满足，并产生色彩的差别与对比。空间环境中的和谐色彩配合，表现为色彩关系的多样与统一。在空间中，在对于色彩和谐关系建立这一总目标下，以各自所特有的色彩感受来进行组织，表现各自情绪与主题时，能够显示出不同设计师的色彩理念和手法特点，这也是形成色彩自身审美感的主要因素。

空间中的色彩组织

色彩的组织关系在空间中有如下的运用方法。

以互补色关系进行组织：互补色也就是位于色相环直径两端的色彩，它们互为互补色，搭配起来对比效果强烈。这种配色方案使房间显得充满活力、生气勃勃。由于反差强烈，在使用互补色时，可以将它们的比例调整为一个作为主体色，一个作为点缀色，并且适当使用自然的木头色、以及无色系的黑色或白色或者金、银色进行调和（图1）。

以对比色关系进行组织：在一个颜色的90度到180度内的另一个颜色都是它的对比色，比如：红色和蓝色，黄色和绿色等。在同一空间，能制造有冲击力的效果，让房间的个性更明朗，但不宜大面积的同时使用（图2）。

以类似色关系进行组织：彼此相互靠近的颜色都是彼此的类似色，使用在同一个房间中，不会互相冲突。把它们组合起来可以营造出更为协调、平和的氛围。由于颜色深浅和纯度的变化，不同的类似色用在同一个房间中所制造的效果会完全不同（图3）。

以无彩色关系进行组织：所谓无彩色，就是黑色、白色和灰色以及金、银色，组合在一起可以引人注目、效果出众。但在房间中只使用黑和白有时会显得僵硬而冷酷，所以需要在房间里增加木色等自然元素来柔化整体效果，或者选用红色、粉色、绿色等跳跃的颜色，来减弱僵硬、冰冷的效果（图4）。

01. 对比色的空间　　02. 类似色的空间

二、空间的材质认知

人们对于空间的感受会受到结构、材料、颜色、家具与陈设物品颜色等诸多因素的影响，不同材料的色彩在不同的空间背景下，给人的心理知觉与情感反应也会有所不同。材料作为空间设计中不可忽视的因素之一，通过视觉带给人不同的心理感受，产生不同的情感意识，从而影响人的审美心理。

03

04

03.无彩色系空间　　04.相同色调下的不同材质质感

一般说来空间构成材质的选择，不但需要从功能上来考虑，还要同时考虑到材质的合理搭配，使得材质在空间中能够准确地传递出设计者的设计目的，并使赏析者能够通过材质的表达形式了解设计者的设计意图。人们对材质质感的认知，具体体现在对于空间各界面中相同或不同的材料组合的感受上，所以，空间设计中，各界面的材质选材既要组合好各种材质的肌理，又要协调好各种材质质感的对比关系。

（一）空间材质的视觉认知

材质可以传递重要的空间信息与表情。空间中每种实体材料都有着与它固有的视觉、感觉特征相吻合的"表情"，不同的肌理有不同的"表情"，把它与语境的形成联系在一起，共同表达某种环境的氛围。材料的应用，直接关系到空间中各种实体结构物质的表面装饰效果和应用价值，并通过人的视觉、触觉感官在人的心理上产生一种直接反应，不同的材质特性以及不同的材质组合关系就产生了空间环境的不同情感体验。材质的视觉要素是指材料的色彩、形状、肌理、透明、莹润等；材质的触觉要素是指材料的软硬、干湿、粗糙与细腻、冷暖等质感。不同材质地会给人不同的视觉、触觉和心理感受，一个空间环境的墙面、顶面、地面的材质色彩、质感、肌理、组织关系可以决定着这个空间整体的情绪倾向。如光滑如镜的金属材质会带来坚硬、牢固、强大、

05. GMS公司办公楼铜皮屋顶与墙面的对比　06. 对自然材料的不同处理所带来的不同空间感受

冷漠感，也还具有理性的、精确的工业文明感；而纺织纤维品如毛麻、丝绒、锦缎与皮革的质地则会给人带来柔软、舒适、豪华、温暖、典雅的感受；斑驳的清水砖墙面却会勾起人们的乡情，明净的透明玻璃则使人产生一种洁净、明亮、冰凉和通透之感；而木材会带来温暖、温馨的感觉，营造出温暖亲切的空间氛围。无论是木材、石材、金属、陶瓷、玻璃和塑料等硬质材料，还是棉麻、薄纱以及地毯等柔软的编织材料，各种材质的恰当运用能使人产生不同的心理感受。

而在受到光线照射时，材料表面质感也会受到影响，当透明玻璃、有机玻璃被光线直接透过时，其质地细腻、柔和；抛光金属面以及抛光塑料面受光后产生空间反射，使材料的质地光洁平滑、不透明、明暗对比强烈，高光反射明显；而喷砂玻璃面、刨切木质面、混凝土面和一般织物面受光后产生漫反射，材料质地柔和，使人感到纯朴、大方和素雅。

材质的意象中也隐含着人的社会坐标和身份信息，即人对某一群体的归属和认同感。一般而言，质感细腻坚硬，纹理美观的材质较易产生高贵华丽感，如大理石、瓷器、玻璃等。质感松软、粗糙、花纹杂乱的材质则使人觉得廉价而随意，如遍布结疤的杉木、棉麻布和粗糙的泥灰。而质感在二者之间则产生亲和适中的意象，如陶砖、乳胶漆、壁纸等各类材质。因此，材质有不同的等级对应着不同的使用场合和社会背景。

具有自然材质特性的诸如竹木、藤草、棉麻、皮草、陶土、砖石等用于表达对人的亲切程度。其中的动植物材质因为生命形式与人类相似或具有某种逻辑上的同构，最能唤起人们内心深处的归属感。陶土、砖石本来就是人类所在大地之一部分，也能让人感觉亲切。

工业化材质主要指铜、铁、铝、不锈钢等各类金属以及混凝土、塑料等。纯粹的工业化发展方向在今天被认为是导致人类异化的根源——人与自然的联系被割裂，因此工业化材质

在质感上也给人一种冷漠、隔阂、疏离感。

介于自然材质和工业化材质之间的是人化的材质，如布艺织物、墙纸、玻璃、瓷砖、大理石、建筑灰泥等，尽管其中有些材料来源于自然，但经过人工的深化加工，其结构的自然性被人工秩序所替代，在质感肌理上已经少见自然的痕迹。这一类材质体现出人类对自然的适度利用，其人性化、温和中庸的特质可以为大多数人所接受，这类材质也因此成为室内空间设计中最为常见的类型。

在空间感上，材质的不同质感对室内空间环境会产生不同的影响，材质的扩大缩小感、冷暖感、进退感，给空间带来宽松、空旷、温馨、亲切、舒适的不同感受，在不同功能的空间设计中，材质质感的组合设计应与空间环境的功能设计结合起来考虑。

与生命一样，时间的本质是过程。材质意象的新与旧因此被赋予了不同的人生意蕴。正如一段旧砖墙与新砖墙的区别，"旧"代表岁月的积累，因而显示出沧桑感、成熟感和文化气息。"新"代表朝气，却也意味着底蕴的匮乏。而一段枯枝或一束干花则隐喻着生命的过去式和回忆。材质中的时间维度也可指向过去、现在、将来。自然材质的意象往往隐喻着过去，因为它们在传统的农业文明时代最为常见；工业化材质指向人类未知的将来，因此又具有时尚、前卫的气息；人性化的材质则基于现实，是现在时，可掌控，也给人较多安全感。自然材质与工业化材质都具有某种超脱于现实，出世脱俗的浪漫气质，因此在由旧厂房、仓库等改建而来的LOFT空间中常常被组合运用。

传统材质的意象可以唤起人们对文化母体的记忆。这是由于空间的材质加工生产在千百年的历史积淀中本身就成为文化的一部分，再结合渗透在材质使用方式的结构及肌理组合中，使得每个地域都会有着能够代表其自身历史文化意象的材质种类。从中国的朴质的青石板、青砖、虎皮石墙、蓝印

07.材质的重量感差异　　08.材质的温度感差异

09.材质的尺度感差异　　10.材质的尺度感差异

11.材质的时间感

花布，华美的瓷器、丝绸与青铜器，到东南亚的旧木器、藤艺器和手工锡铜器，再到地中海周边地区多彩的灰泥、绚烂的陶砖马赛克、华丽的大理石，以及英伦三岛的红色砖瓦、皮毛、橡木等，这些材质在意象上均有鲜明的文化情感指向。

总体上来说，在对于空间的视觉心理认知作用上，材质的特性主要体现在下面几个方面。

（1）材质的重量感；

（2）材质的温度感；

（3）材质的尺度感；

（4）材质的时间感；

（5）材质的方向感；

（6）材质的力量感；

人对环境的感知是整体性的——对于环境，我们感知的不是环境中色彩、形态、质感等孤立的形式要素，也不是其中某个独立意象的意义，而是它们合起来所形成的空间整体特征、气氛以及情感意义。意义依存在于具体的形式中，空间如需显示其所要传达的意义，前提是必须具有一个可感知的形式结构。对空间中的材质而言，则要求其按照一定的规则被梳理、归类、整合，从而促进形式成为一个明晰可辨的结

12

13

12 . 材质的方向感　　13 . 材质的力量感

构整体。而材质美的来源之一就是这个建构过程中体现出的形式美感（图7~图10）。

（二）空间材质的触觉认知

触觉包括了温冷觉、压觉、痛觉。温冷觉是接触空气产生的气温感觉；压觉是由机械力作用于皮肤表面，由于力的大小不同、位置不同，会产生接触感、软硬感、粗糙感、细腻感等不同的感觉。触觉问题主要表现的是解决温度和压力的问题。

机体通过触觉接受外界的信息后，会产生一系列的生理调节，以使人通过调节适应周围环境。触觉引起的一系列生理调节保证了人体的环境适应性。

以地板材质的差异对行走行为的影响为例，一般来说地面越滑，步幅越小，其中步幅与性别、年龄、身高、地板条件有关，其值如下。

步幅跨度：橡胶板地面时，男子步幅跨度约65~80cm，平均跨度为75cm。女子步幅跨度约 55~70cm，平均跨度60cm。

每分钟步数：橡胶板地面时的行走每分钟步数最高，男子达到132步/分钟，女子136步/分钟。而在马赛克地面时行走每分钟步数最低：男105步/分钟，女115步/分钟。

一步所要时间：男子大约在每步0.48~0.55/秒，其中在马赛克地面时，一步所需的平均时间最长，女子大约在每步0.45~0.53/秒。

当人们彼此之间身高差20cm时，一步所要时间相差约0.03秒。

每分钟行走距离：每分钟所行走的距离与地板材料的性质有很大的关联性，日本的研究表明表面粗糙的瓷砖的每分钟行走距离大于橡胶地板，而橡胶地板又大于沥青地面。

地板硬度对人体的影响：人在大理石、通体砖和水磨石石材等硬质板材上行走时常感觉不舒服。原因之一是由于行走时的冲击力和振动通过脚跟传至关节和头部引起不舒适感。另一

14

14．无锡静水山庄

方面是由于腿脚部肌肉受力而产生疲劳所造成的。腿脚部肌肉的收缩程度因地板材硬度的不同而下同，硬度越大，肌肉疲劳越大。

（三）材质的情感意象

在格式塔心理学看来，人的认知过程就是视觉将环境中的要素合并成最简单的样式加以理解的过程。因此，一个凸显特征、易识别的、能够让人感到气氛的空间，除了形式结构的清晰简单外，其材质所表达的情感也应有一个共同的指向。这就要求在空间设计中按情感的属性对材质进行归类，同一情感属性的材质组合在一起产生统一感。例如在一个全由木、藤、麻、仿古砖等自然材质构成的空间，往往会弥漫着强烈的田园气息。而由混凝土、金属等具有同质情感的工业化材质组合营建的空间会为身处其间的人们带来对于现代工业时代文明的认知。

同时，格式塔心理学又认为任何非同质性要素间都存在着张力。因此，在认知过程中，视觉对环境的简化和整合必定会遭遇其中非同质性要素的阻碍和抗争。而美感便来源于知觉最终克服这种阻力，使整体认知得以完成的张力结构中。因此，一个具有审美特质的环境空间应该统一，却不应该过分稳定，而应该是让人适度紧张的、兴奋的，却又不能令人不安。一个陈旧的由木墙壁、木地板、木天花、木家具构成的室内空间固然透出怀旧的气息，却会因过分同质化而显得沉闷单调。与此相反，另外一个场景——斑驳的晒得发白的木家具、锈迹斑斑的铁门、开裂的长满青苔的水泥墙的组合，却会让我们觉得意蕴深远，耐人寻味。场景中，自然的材质——木与工业材质——金属、水泥互为异质，其原

始材质情感指向不同，彼此之间形成张力。但"旧""沧桑感""历史气息"等统一的特征，反过来又缓解了这种张力，使其情感结构达到平衡（图11~图13）。

在空间材质设计中，一方面，形式按照形式美的法则组织成一个简化的清晰的外在结构；另一方面，情感被归类，整合为一个既统一，又具有张力的内在结构。当两者相互契合实现同构，即材质的形式以最合理的组织结构，最准确地呈现出人们的情感诉求，则意境得以生成，材质美得以实现。

（四）空间的材质组织方法

空间的材质设计，就是利用空间构成材料的表面质地的视觉特性与触觉特性，根据面材的物理力学性能和材料表面的肌理特性，对空间各个界面进行选材、配材和纹理设计。

1. 简化原则

简洁的空间因为形式结构简单，更易被人们感知。在材质设计时，控制材质的种类和数量，通过工艺手段对过剩的材质进行归类、合并，更易于达成空间的整体性。

2. 相似原则

表面质感、肌理、色彩相似的材质易产生统一感。材质的相似并不意味着材质的同一，相似中应隐含着微差，统一中蕴含着多样性。如白色派室内设计，整个空间被轻柔浪漫的白色基调所统一，但大面积的白色并不让人觉得单调乏味，奥秘就在于白色覆盖下木、石、金属、织物、灰泥丰富而细腻的肌理差异。

3. 图、底分离

根据格式塔心理学学说，人们在环境中总是先感知到那些自我凸显的，特征较为鲜明的要素，即所谓的"图"，而环境

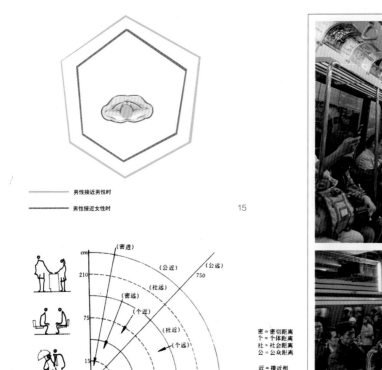

男性接近男性时
男性接近女性时

15

cm
210
75
15

（密进）
（公近）
（公远）
750
（密远）
（社远）
（个近）
（社近）
（个远）

45 120 360 cm

密＝密切距离
个＝个体距离
社＝社会距离
公＝公众距离

近＝接近相
远＝远方相

17

16

15.个人空间　16.地铁上的个人空间表现　17.人际关系的四种空间距离

的其他部分则退隐为"底"。当一个空间的结构是由大大小小层次清晰、秩序井然的图底关系按照一定的等级建构而成，则空间具有易识别的特征。在材质设计中，往往通过色彩、肌理、质感的对比来形成清晰的图底关系。如沙发从背景墙中凸显出来成为图，沙发上的抱枕又因与沙发大小、颜色上的差异成为图，沙发变成背景。当然，在将"图"从"底"分离时，却不能割裂"图"与整体环境间的有机联系，如在图14中，沙发、抱枕的材质又应与周边家具或织物的材质取得呼应。

三、人的空间行为

人的空间行为是一种社会过程。在使用空间的时候，人与人之间是不会机械地按尺寸排列的。例如，在日常交往中，人们会彼此保有一定的空间距离，并利用此距离以视觉接触、联系，肢体语言等方式控制个人与他人之间的信息交流，这时个人空间模式呈现出一种围绕着人体，犹如无形的气泡状空间范围，它是空间中个人的自我边界，且这种边界会随两人关系的亲密与否出现变动，乃至互相融合。这个例子充分说明了空间的确定性认知不仅仅是按照人体尺寸机械排列来获得的。只有当设计的空间形态与尺寸符合人的行为模式时，才能保证空间合理有效地利用。例如在非正式的交流中，人们总是倾向于面对面的交流模式，而非并肩式的交流方式。但在住宅、旅馆等设计中，却往往出现边靠边的座位布置，这同样使空间和家具不能有效地实现人与人交流、沟通关系的建立。人在使用空间时总是希望以某种积极的或消极的方式来维持与他人的交流，所以，设计师在空间设计中应充分了解、满足人们对于这种社会交往行为的需求。

（一）个人空间的大小与分类

个人空间是指不允许他人进入的环绕自己身体周围的一个不可见区域。个人空间是把两个人之间的交流维持在最佳水平上的一种机制，其中相互间距离的远近与目光接触的频率是互补的变量。每个人都有自己的个人空间，它可以随着人移动，并具有灵活的收缩性。在人群交谈中、在图书馆的座位

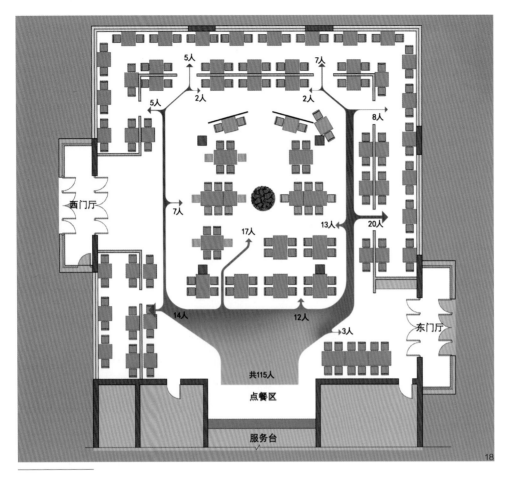

18.某高校快餐厅在一日中座位的选择频率

选择中、在拥挤的公共汽车中，以及在公园中、在人行道上漫步中，人与人之间的密切程度都会在个人空间的交叉和排斥上反映出来。

个人空间的空间距离与人与人之间的交际关系密切相关，在日常生活中，人们会根据其活动的对象和目的，选择和保持人与人之间合适的距离。美国人类学家爱德华·霍尔博士认为人际交往存在四种空间距离（图15），而每种空间距离的大小与相关的人际关系相称：

1. 亲密距离：6英寸～18英寸之间（15厘米～44厘米）。

人与人15厘米以内的空间是最亲密区间，在这个距离上，人们彼此能感受到对方的体温、气息。在15厘米～44厘米之间时，人们在身体上的接触可能表现为挽臂执手，或促膝谈心。44厘米以内的距离，在异性之间只限于恋人、夫妻等亲密关系中存在，而在同性别的人们之间，往往只限于贴心朋友之间。当无权进入亲密距离的人闯入这个空间范围内时，会令空间所有者感到不安。在日常的生活中，处于拥挤的公共汽车、地铁和电梯空间中，由于人员拥挤的缘故，个人的

亲密距离常常遭到侵犯，于是人们会尽可能地在心理上保护自己的空间距离，具体表现为不同任何人说话，即使是自己认识的人；眼神始终避免同他人眼神的接触；面部不带有任何表情；人越拥挤，身体则越不随意动弹。所以，我们可以看见，在拥挤的地铁中，人们会往往抬头看着他人头上的空间部位，或是拿出手机、报纸进行浏览，借面部与手机或报纸之间的距离重新形成一个属于个人的亲密空间（图16）。

2. 个人距离：1.5英尺～4英尺之间（46厘米～122厘米）。

这是人际间隔上稍有分寸感的距离，已较少直接的身体接触。双方伸手即可触及对方，但虽然彼此认识，但是没有特别的交往关系。这是在进行非正式的个人交谈时最经常保持的距离。和彼此熟悉，但不是关系密切的人谈话时，人们往往会保持在50厘米以外的距离位置上（图17）。

3. 社交距离：4英尺～12英尺（1.2米～3.7米）。

这个空间距离已超出了亲密或熟人的人际关系，而是体现出一种公事上或礼节上的较正式关系。就像隔一张办公桌那样。一般工作场合人们多采用这种距离交谈，在小型招待会

19

19．城市广场上的边界效应

上，与没有过多交往的人打招呼可采用此距离。

4．公众距离：12英尺～25英尺（3.7米～7.6米）。

这是属于无关系或不认识的人之间的距离，一般适用于演讲者与听众之间那种彼此极为生硬的交谈及非正式的场合。

不同民族与文化构成人们之间不同的空间区域，多数讲英语的人在交谈时不喜欢离得太近，总要保持一定的距离。西班牙人和阿拉伯人交谈则会凑得很近，而对俄罗斯人来说意大利人交谈的距离过于靠近了，拉美人交谈时却是几乎身贴着身。英国人与意大利人交谈时，在空间上意大利人不停地"攻"向英国人，英国人则会不断地"撤退"，实际上他们交谈时都只不过是要占据对自己适当的、习惯的实际交流距离。总体而言，西方文化注重个人隐私，而东方人的个人概念较为薄弱。在电梯，巴士或火车上，素不相识的人拥挤在一起，东方人可以容忍身体与身体接触的拥挤，而西方人却是无法容忍的，在对个人空间的要求方面，中国人、日本人以至大多数亚洲人要比西方人小得多。

（二）领域性

从领域性的功能来看，其有保护私密性和社会组织作用，体现在建筑设计上就是通过空间开放性和封闭性的组织及对空间尺度的把握，形成公共空间和私密空间。私密性的定义就是每个人对关于他的哪种信息可以以哪种方式与他人交流的权利。在空间行为的解释上就是对交流的某种程度控制。人们出于私密性的要求，会人为地控制一个十分接近的区域来保证某种程度的个人与外界的隔绝。 空间的变化体现了空间的趣味性；领域性则形成了一种心理的安全感，使空间成为一个场所，产生归属感；而空间的变化同时使各个部分产生不同的特征，体现可识别性。如果空间的规模过大或是边界不够清晰，人们会对此产生陌生感，自然无法在那里待下去。

在开敞式办公空间中，座位成组成团的布置，写字台的隔板会体现领域性的特点。而餐厅中屏风、隔断的使用也是空间领域性的体现。如果在餐厅中，人们通常首选目标总是位于角座处的座位，特别是靠窗的角落，其次是边座，一般不愿坐中央（图18）。从私密性的观点来看，这样的选择顺序是为了控制交流程度。因为处于角落位置时，人与整个空间的交流频率会较少，因此使用者可按其意愿观察别人，同时又可以在最大程度上控制自己交流给他人的信息。但如果把视线高度适当分割，使得在中央的座位也具有较高的私密性，则可大大提高中央座位的使用率。

人从环境中获取的信息量并非越大越好，人们只对自己感兴趣的信息产生注意。如在火车站的候车大厅里，候车的人往往会靠近柱子或墙候车，这样就可以给自己提供一个私密性水平相对较高的场所，除了关注与自身有关的交通信息之外，通常不太愿卷入到人流的活动中去，从而可以主动地减少获取外部空间的信息量。这种人的行为模式在进行车站设计时应充分考虑进去，这也是为什么有些无柱的候车大厅内人流分布不均匀、秩序较乱的主要原因。这种行为方式的产生，是由于高密度的空间使人产生心理负荷及信息数量和质量对人产生心理影响的结果。

（三）人的空间行为特点

人们经过环境知觉、环境认知、环境评价的过程后将作出决策行为，从而表现出外在的行为活动。人类的外在行为活动必然涉及到一定的空间，在不同的环境信息作用下，人类各种活动的行为空间具有差异性，并且表现出不同的空间行为规律性，具体而言，在空间中，人们的活动行为往往具有下列特点：

1．边界效应

一般来说，边界是众多信息汇聚的地方，它具有异质性，是变化的所在，容易产生特殊的现象，受到人们的关注，这就是通常所说的边界效应。人类容易对异质的东西发生兴趣，而对于同质的东西产生厌倦和腻烦。例如对于一块场地来说，人们往往更多关注的是场地边缘的特征，而不是场地的中央。人的活动也多集中于场地的边缘。这也是为什么在公园的设计中，设计者往往将休息设施设在场地边缘的原因。受欢迎的逗留区域一般是沿建筑立面的地区和一个空间与另一空间的过渡区，在那里同时可以看到两个空间。在对人们喜爱的逗留区域的研究中，心理学家德克·德·琼治提出了边界效应理论。他认为森林、海滩、树丛、林中空地等的边缘都是人们喜爱的逗留区域，而开敞的旷野或滩涂则往往无人光顾，除非边界区已经是人满为患。而在城市空间也可以观察到同样的现象（图19）。

爱德华·T.霍尔在《隐匿的尺度》一书中进一步阐明了边界效应产生的缘由。他指出，处于森林的边缘或背靠建筑物的立面有助于个人或团体与他人保持距离——人站在森林边缘或建筑物四周，比站在外面的空间中暴露得要少一些，并且不会影响任何人或物的通行。这样，既可以看清一切自己又暴露得不多，个人领域减少至面前的一个半圆。当人的后背受到保护时，他人只能从面前走过，观察与反应也就容易多了。

沿立面的区域显然也是附近建筑中居民户外逗留和做家务的处所。把家务工作移到沿立面的区域是相当方便的，最自然的逗留场所是门口的台阶，可以从那里向前走进空间，也可以在那里站上一会儿。无论从生理上还是心理上来说，站着比走进到空间中要轻松一些。如果真想走走，随时都能够跨出去。

因此可以说，人的活动是从内部和朝向公共空间中心的边界发展起来的。例如孩子们总是先在门前聚集一会儿，然后再开始集体游戏并占有整个空间。而其他年龄段的人们也乐意在前门或建筑物附近结集，从那里他们既可以走入室外广阔的空间，也可以再度回到房中，或呆在那里不动。克里斯托弗·亚历山大在《建筑模式语言》一书中，总结了有关公共空间中边界效应和边界区域的经验："如果边界不复存在，那么空间就决不会富有空气"。

可以这么说，"边界效应"表达了人的三个交往心理需求。

（1）人有交往的心理需求。边界是个很好的观察点，首先提供了全局浏览，其次才是重点的个别观察。在交往前，人本能地通过观察掌握环境信息，作出合适的判断和选择——哪些人能成为成功的交往对象。

（2）人在需要交往同时需要个人空间领域。相对于中间四周

都是空间的环境，边界是个半开放空间，人可以在其中进行观察的同时隐藏自己——保留自己的空间领域，减少暴露。

（3）人在交往时需要与他人保持人际距离。站在边界比站在中心要更容易离开区域。同理，在交往中如果由于对方太过接近自己而产生不安，在边界能够方便人重新拉开与对方的距离。

2. 捷径效应

所谓捷径效应是指人在穿过某一空间时总是尽量采取最简洁的路线。为了达到预定的目的地，人们总是趋向于选择最短路径。因此在设计建筑、公园和室内环境时要充分考虑这一习性。观众在典型的矩形穿过式展厅中的行为模式与其步行街中的行为十分相仿。观众一旦走进展览室，就会停在头几件作品前，然后逐渐减少停顿的次数直到完成观赏活动。由于运动的经济原则（少走路），故只有少数人完成全部的观赏活动。

3. 左侧通行习性

在人群密度较大（0.3人/平方米以上）的室内和广场上行走的人，一般会无意识地趋向于选择左侧通行。这可能与人类右侧优势而保护左侧有关。这种习性对于展览厅展览陈列顺序有重要指导意义。

4. 左转弯习性

人类有趋向于左转弯的行为习性，并有学者研究发现向左转弯的所用时间比同样条件下的右向转弯的时间短。很多运动场（如跑道、棒球、滑冰等）都是左向回转（逆时针方向）的，有学者认为左侧通行可使人体主要器官心脏靠向建筑物，有力的右手向外，这是在生理上、心理上比较稳妥的解释。这种习性对于建筑和室内通道、避难通道设计具有指导作用。

而人在静立时，躲避危险方向的特点也带有左倾性，这是因为人体的重心偏右，站立时会略向左倾，而且右手右脚比较有力，活动时容易向左侧移动。

5. 聚集效应

许多学科研究了人群密度和步行速度的关系，发现当人群密度超过1.2人/平方米时，步行速度会出现明显下降趋势。当空间人群密度分布不均时，则出现人群滞留现象，如果滞留时间过长，就会逐渐结集人群，这种现象称为聚集效应。在设计室内通道时，一定要预测人群密度。设计合理的通道空间，尽量防止滞留现象发生。

美国学者约翰·杰·弗鲁茵对步行者提出了空间模数的概念（实际上它就是人群密度的倒数），与聚集效应相关的还有流动系数这一指标。流动系数指的是在交通环境中，以单位宽

服务水准	步行者空间模数/ (m²/人)	流运系数/人/ (m·min)	状态
A	3.5以上	20以下	可以自由选择步行速度，如公共建筑、广场
B	2.5~3.5	20~30	正常步行速度，可以同方向超越，偶而出现不太严重的人流高峰的建筑空间
C	1.5~2.5	30~45	步行速度和超越的自由度受到限制，交叉流、相向流时容易发生冲突。如发生严重高峰的交通终点，公共建筑
D	1.0~1.5	40~60	步行速度受限制，需要修正步距和方向，如在最混杂的公共空间
E	0.5~1.0	60~80	不能按自己通常的速度走路，由于行路容量的限制，出现了停滞的人流。如短时间内有大批人离开的建筑
F	0.5以下	80以上	处于蹑足前进的交通瘫痪状态，步行街设计不合理

度、单位时间内能够通过的人数，这一指标表示人流性能的有效性高低与否。

一般而言，步行街道路服务水准应具备下列标准。

空间设计师是为营造一个宜人的空间而存在的，正如阿尔瓦·阿尔托所说的那样："建造天堂是建筑设计的一个潜在动机，它是我们设计建筑的惟一目的……每件建筑作品都是一个标志，它们向世人展示出我们愿意为世界上的所有普通人建造天堂的志向。"

了解人类的基本空间行为和对周围环境的基本需求，在空间设计时具备一些原则来指导具体的设计思路和设计方案，是方案设计和确定的基础。因此，对人的空间行为进行关注和了解是空间设计过程中内在的原则之一。为使用者提供舒适的活动空间和场所是空间设计的重要目的，从更整体的思路来考虑空间与环境的相关联系，考虑空间与心理的辩证关系，研究场所感与领域感的关系，从而对空间方案进行更完整的推敲和判断。

CHAPTER 4

空间的创作
设计思维

创作者需要表达出自己的理想世界和自己的感受，表达的内容就是各种艺术媒体语言创作的核心。也就是说任何的形式表达都是有目的的，至于这种目的，是因人而异的。在建筑、景观以及室内等空间、环境设计中，设计师可以在空间中表达出对于功能内容的强调，这正如现代主义设计师们在早期设计创作中表现出来的一样。也可以是为了表达对于某种力量的尊敬，就像勒·柯布西耶在萨伏耶别墅中对于现代工业机器的崇敬之意；也可以是对于未知的神性和力量的迷恋和敬畏，就如同勒·柯布西耶和安藤忠雄分别在郎香教堂和光的教堂中对于宗教意义的阐述一般；同样，也可以是对于某种理想生活状态的叙述，就像王澍在中国美术学院象山二期教学楼群中表达出对旧时文人士大夫寄情山水中的游历体验的追崇。当然，也可以是江浙富裕的农人和企业主对于一种财富感和虚华的追求。对于设计者而言，可以表达的内容是多种多样的，没有什么内容是不可以表达的，只是存在着所要表达内容境界的雅俗高下而已。对于表达内容的不同，只是人们对于多元精神追求的结果而已，是必然存在的命题，而非可有可无。而每个人的认知与追求在目标上细化出不同，所以，每个设计者、创作者所需表达出的内容也必然是不同的，一个人的体验并不能全然的替代另一个人的体验，即使这种体验的发生在同一时同一地。正如人们所常言的"一千个人的心里有着一千个哈姆雷特"。

在具体的空间设计和创作中，创作者的个人体验、情感又该如何具体实现呢？正如前面所述，空间与其他艺术门类一样，也与身处其间的人之间存在着彼此的交流，也正是因为存在着这种交流，空间也必然向人们表述着某种内容，并激起人们某种情绪和反应，空间会以自己所特有的方式叙述与激发人们的情绪。那人们能获得作品所传递的情绪原由又何在呢？

01

空间情绪的来源

亚里士多德说："那引起感觉的东西是外在的。……要感觉，就必须有被感觉的东西。"

当人们在某种环境下，在某个空间里产生了某种情绪，是因为引起的情绪源于所在空间中所存在的某种契机。引起这些情感发生的契机来源则大致如下：

（1）引起情绪的事物与其体验者本人曾经的经历、经验、学习有关。因此在后来的空间体验中，就能因某种熟知的事物而联想到曾经的经历、经验或学习，进而产生了某种情绪。所谓"杯弓蛇影""一朝被蛇咬，十年怕井绳"便是如此。

（2）特殊环境下的从众心理因素。在特定的环境之下，为场所空间气氛感染所引起与场所相同的情绪，如在节日中、在欢庆中、在庄严肃穆或疯狂激动的场面中，人们的情绪往往被周边氛围所感染，进而产生与周边环境相适应的非日常行为。就像在西班牙每年一度的奔牛节中，人们不顾自身安危，在狂热的氛围下向狂奔的烈牛挑衅（图1）；以及人们在巴西狂欢节时的通宵狂舞的行为（图2）；球场上，球迷的骚乱行为的爆发（图3）等。这些例子都说明，人们是多么容易受到周边环境的影响，从而改变自己本来理性的行为，从而做出与当时疯狂环境所相合的莫名举动。

01. 西班牙奔牛节

02. 巴西里约热内卢市

03. 埃及塞得港球迷骚乱

02
空间形式设计的相关因素

好的厨师做出好的美食需要确定菜谱的具体内容和准备好烹饪的食材；作家在写文章之初要明确文章的内容和题材。一切的艺术创作都需要创作的核心主题与创作题材，空间作品中情绪的引起也需要空间主题，而主题的被表达则需要与其相符的题材。主题的选择和题材的提炼已然成为空间情绪能否实现的根本性要素。两者的紧密结合能使空间表述的内容得以实现。

一、空间主题与题材

空间情绪表达被题材所支撑，以主题的方式被叙述。
空间主题来源极其广泛——对未来的幻想、一个事件、一片乡愁、一个难忘的感受……总之，主题是艺术作品通过全部材料和表现形式所表达出的设计、创作基本思想。而题材则是构成一部作品内容所需的一组完整的现象，题材来源于设计者、创作者对于素材的加工和提炼。各个艺术门类的艺术创作者彼此所收集的素材可能是相同的，但他们会各自从中以本专业的方式提取出适合自己艺术门类语言的题材。
空间题材在情绪的表达上起着下列作用。

1. 空间题材是人们理解空间主题的桥梁

"一花一叶总关情"，而"花叶关情"的"花叶"题材是建立在"花叶"的语言和意义表达处在该语境中的人所能解读基础之上的。题材若能被解读，意味着题材是在人们心中有着共同的定义和理解。
譬如对于"江南"这个题材，人们多数会第一反应到"小桥流水人家"。倘若认真观察，会发现"小桥流水人家"并非为江南地区所独有，徽派民居许多村落，如宏村、西递，还有云南的大理、丽江也具备这样的聚落空间结构。但这种徽派民居和云南大理、丽江在人们心中分别被"烽火山墙旧牌坊"和滇西少数民族风情所定义，再以"小桥流水人家"的模式去解读这些地区就难以被人们所认同了（图4）。

2. 空间题材为人们行为发生提供了暗示性的背景

人们的行为发生，空间环境对其是具有暗示性作用的。正如心理学中"破窗子"理论所揭示，长期无人居住的房间如果窗子明亮干净的话，多数情况下没有人会对其进行攻击；但窗子破旧而长期不被修理的话，则房间往往会被人们所破坏，其中原因就在于破旧的窗子，给人们以心理暗示——这个房间已经没有人在乎它的好坏了。同理，在庄严肃穆的场合下，人们会自动收敛自己的行为使之合乎于环境的氛围；而狂欢节中，人们肆意放纵自己，也是环境在暗示——没有谁会在乎你现在的行为或导致的结果。
而空间题材对于人们的行为发生也提供了同样的暗示。
上海新天地以石库门、上世纪30年代旧上海作为空间题材，暗示了这是个具有小资情调性质的空间，而游走穿行其间消费的人们则会有意无意地将自己想象成为二十世纪三十年代上海上流社会社交人物，以自己的理解在这个环境中演绎那个时代人物的行为（图5）。

二、空间道具

道具在影视戏曲艺术形式中是极具叙述能力的，特别是主题性道具，这种道具往往反复出现，成为剧情中主人公命运、性格、情感的见证，或是剧情发展的契机。诸如《杜十娘怒沉百宝箱》中的百宝箱。这种道具的使用，在影视戏曲艺术中称为"戏胆"。而在空间情绪的表述中，这样的"戏胆"也是存在的，例如伯纳德·屈米在巴黎拉维莱特公园作品

04

04. 小桥流水人家的不同场景

中,大量的小红亭就是在空间中反复出现,从而对空间的主题进行反复地强化(图6)。而中国传统私家园林中,大量的亭、台、轩、榭等建筑小品在空间中也是起了积极的"戏胆"作用,与周边的风花雪月、山水树木一起,构建起人与自然之间的亲密关系。

空间主题性道具本身情绪的叙述表达能力主要体现在下列方面。

1. 空间道具本身在传达意义上具有多义性

从语义学角度和符号学角度来考察空间道具的意义传达,可以发现它具有多义性。例如,安藤忠雄在谈论他作品中重要元素——墙的作用时就指出,墙体本身不仅仅是空间的分割,还意味着对人内心宁静安详情绪的保护。而勒·柯布西耶的郎香教堂沉重的墙体和翻卷向上的大屋顶则表达了对于教徒的精神庇护以及与上帝的交流(图7)。

05. 上海新天地

2. 空间道具的事件性

人们游走在空间中，实际上会与空间中的各种空间道具产生种种事件上的联系——在候车大厅，人们透过大片玻璃门窗来告别，大厅中的指示灯光闪烁……真实的事件空间、想象的事件空间、情感的事件空间、可见不可见的事件空间都会融汇在候车大厅中的座椅、灯具、阶梯之间。

空间道具既作为事件的结果，又成为了事件本身，对于参与性行为具有鼓励与激发作用。空间道具在空间中，通过创意性的编排与演变，可以成为吸引人们参与其间活动的契机，从而增加人们的体验性，进而获得空间情绪的激起。例如日本一个公园以轮胎以及其他废弃物作为空间的道具，使之成为能够通过空间中人们自己简单改造而成为自己喜欢的玩具，进而增加了空间情节的参与性，使身处公园的人们获得愉悦的感受，公园空间的欢乐游戏的情绪也因为轮胎以及其他废弃物本身所具有的游戏性特征而被恰当地表述出来。

三、空间秩序

空间的设计并不是关注于单个场景，而是多个场景之间的编排和组合次序变化，这种变化关系就如同电影、戏剧以及文学中的镜头剪辑和段落前后的关系。在空间中，这些场景与场景之间的衔接继续、元素与元素之间的联系建立关系也就构成了空间的秩序。良好的空间秩序能够使得空间的主题表达清晰而有力，更具有情绪的感染力。

空间秩序的编排方式可以是简单的并置关系，也可以按某种规则来进行，但无论如何，精心编排的空间秩序是一个空间情感具有吸引力的实现基础。自人类开始营建第一座建筑以来，秩序性的空间是城市、建筑、景观永恒的话题。

路易斯·康认为建筑空间的秩序是一种运动的序，包括风、光、雕塑这些空间因素的序，且这种序是多元性的，是使空间中每个因素和谐统一在一起的力量。伯纳德·屈米则认为与"秩序"相关的关键性要素为空间、运动、事件，并认为空间的秩序是空间物理属性，是内部空间还是外部空间，是

空间的创作设计思维 **085**

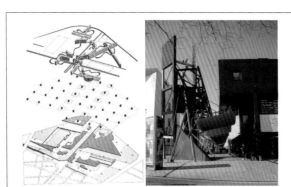

06

07

06.拉维莱特公园小红亭　　07.朗香教堂

闭合空间还是开放空间，是水平空间还是垂直空间，等等；而运动的秩序是空间中活跃的感受因素，运动加强了空间的感受，这种加强与空间本身秩序之间可能是相符，也有可能相悖，但无论相符还是相悖，都使得运动持续会加深空间秩序的感受性；事件的介入，则需通过运动这个手段来实现次序的连续，并在连续的、不同的运动中来改变空间序列的感受。也就是说，通过空间、运动、事件这三个要素的完整统一，构成了空间秩序的建立，并隐含着空间情节的结构层次。空间秩序在空间的基础上以运动和事件的方式来实现，空间的情绪就在空间秩序的推进中一步步展开。

在空间中，前面的场景带给人们的感受影响着人们对下一场景的理解，所以在空间秩序的伊始就对后来的场景变化潜伏下了影响巨大的能量，框定了后面一系列场景，并营造出空间的基本气氛。而对空间秩序有主次、有重点、有节奏和感染力的处理，将使得空间的主题呈现变得更突出、更清晰。

同时，对于同样的空间主题和题材如果采用不同的空间秩序和不同的处理方式将又会传递出不同的空间信息，空间的情绪也就会有着多种可能。即使是最为普通的场景，如果采用不寻常的次序编排，也能表达出不同的意义。就如同黑泽明在《罗生门》的情节处理一般，同样的事件，在不同的叙述

方式中有了不同意义的定义和理解。所以空间秩序的安排应该依据所需营造的情绪意图来进行，而非按照功能活动和事件本身顺序，从而将赋予空间秩序以戏剧性，使之变得更为曲折、丰富和趣味。而场景间彼此的过渡或跃进则勾勒出空间的情节关系，情节的变化也就成为空间功能、活动、事件的变化，空间也就变成视觉与非视觉性的体验。由此可以概括出，空间"所需营造的情绪意图"也就是对于空间情节的构思，不同的空间情节编排也就带来了不同的空间体验和空间情绪。

空间情节编排与影视戏曲、文学作品中情节的编排有着类似的策略与手法，在影视戏曲中，这类手法有淡入、淡出、闪现、叠现、跳跃、中断、冻结、慢进、快进等，在伯纳德·屈米的作品中，这些手法都已经开始被有意识地运用，当这些手法在空间序列和情节的转换关系中被运用时，可以被归纳为这样几种手法，倒叙、插叙、跳叙。

如果将建筑空间的游览序列由外到内进行组织，室外空间为A，入口空间为B，建筑物内部空间为C，一个具体的建筑空间序列由外向内的习惯序列是A—B—C的空间模式。但空间倒叙则表现出C—A—B的模式；插叙的空间模式则是A—B—A—C，并序空间模式则为A+B+C。

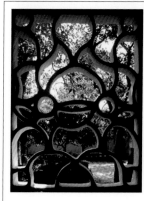

09

08. 梵蒂冈大台阶院

09. 漏花窗

1. 倒叙

所谓空间的倒叙，就是本应在稍后出现的空间场景提前出现了，而本应出现的空间场景却推迟到以后了。

这样的空间倒叙，在16世纪伯拉孟特的梵蒂冈大台阶院中就被使用了。伯拉孟特将传统上被使用在建筑内部的穹顶移至建筑外界面，使之对院落敞开，以传统的"龛"的作用而存在，这在历史上是原来不曾有过的做法（图8）。但进入二十世纪以来，这样的手法就多了起来，如德国科隆媒体公园，本应面向内部的庭院被处理成向城市开放；勒·柯布西耶的萨伏伊别墅底层架空的处理，以楼梯坡道引入二层建筑的方式否定掉传统意义的建筑底层和入口概念等，都是极为明显的倒叙手法。

2. 插叙

所谓空间插叙，就是一个异质的事件、场景插入一系列同质的事件、场景之中，从而与原有的空间体系形成强烈比较，并形成一种偶发的情绪体验。

插叙的手法在传统建筑空间中十分常见。江南园林中，漏花窗的应用方式便是如此，游园者在行进中，漏花窗将其他场景的景色插入当下空间中，形成空间片段的拼贴（图9）；而在传统住宅中，庭院、天井的插入将自然引入人工环境，形成了有趣的生理与心理体验。

而现代建筑空间中，大型中庭往往将室外场景进行室内化处理，以及建筑中大面积玻璃的运用将室外景致引入室内的手法，增强了空间的趣味性。

3. 跳叙

所谓空间跳叙，即将一系列的场景中的某些场景予以省略，进行跳跃性剪辑；另一种则是以大空间来包容一个小的空间，实现空间层次的跳跃。

中西方传统绘画中这样的空间表达方式十分普遍，在同一个画面中为了叙述某一事件，画面往往也被剪辑成多个场景，

10

10．沧浪亭

事件的重要情节被选择性表达，形成了跳叙性的叙述形式。例如在苏州园林沧浪亭的空间中，园林的景色与园林外部景致直接通过水面连接在一起，而非习惯手段处理成由园林外部空间通过一系列过渡、遮掩空间的视觉序列（图10）。

四、空间行为与空间情节

空间题材、道具构成了空间的物理基础，而空间秩序赋予空间以情节。由于人是一种能够适应环境且有目的性的动物，机械地假定认识是被动的，对其所处的环境以简单直接的方式反应是不合适的。人在空间中不是被动地接受空间的种种信息，而是通过自我的活动以形成事件，并在事件中获得空间的情绪体验。因此人与空间之间是通过彼此的互动联系，来共同达成空间情绪实现沟通的。因此人的空间行为对于空间情绪的生成有着直接的作用。

1. 参与

进入空间场景并参与空间行为，是人与空间之间最为直接的互动联系。伯纳德·屈米认为与"秩序"相关的关键性要素为：空间、运动、事件，其中"运动"与"事件"是必须有人的参与才能实现。而且，空间情绪的体验实体为人本身，也只有参与空间事件的人才能切身体会空间与人行为之间的互动关系；且参与空间事件的过程，使参与者能够对空间产生把控感，并将自己对于空间背景的理解引入自我空间行为

的发生，有着改变空间情节和空间情绪的创造力。

因此，激发人们在空间中参与空间情绪的创造与切身感受，能够使得空间的情绪营造更为强烈。

2. 观看与被观看

约翰·波特曼认为，人有观看和被观看的需求，即"人看人"。人们在观看与被观看之际获得对自我的认可。在公共空间中往往存在着两类行为表现，一种是具有表现欲望特点，希望自己被关注，希望自己成为空间的焦点，例如在高级餐厅就餐的人们多有自我的炫耀性行为，无论是着装还是所谓优雅的就餐动作，相对于他们日常性的行为会带有更多的表演性；而另一类则是作为观察者的行为。"边缘效应"是人们在公共空间中的自然反应，将自己置于一个可以便于观察到整体空间场所的位置，且保证自己背后空间处于安全区域。对于大多数人来说，则往往是这两种类型的复合体，只是由于年龄、性格、教育程度等原因对表现欲望表现的强烈有所差别而已。

然而无论是喜欢观察还是被观察，他们都存在这样的前提条件：

（1）个人的空间被尊重；

（2）空间环境能够激发表现欲。

人们在空间中的表现性行为是空间情绪的重要构成，使人们在理解场所主题并做出与场所主题内容相符的行为，是空间设计的基本目标。在实现这个基础目标之上，如果能够使空间中的人们参与空间活动，提升空间活动内容以加强空间

11.罗马西班牙大台阶的游人多样
性行为

情绪的表达则更需要设计者的设计技巧。可以想象，在舞厅中，如果环境不能够激发人们进入舞池的欲望，这个舞厅所应该表达出的情绪就是令人沮丧的。

3. 行为多元

明晰的行为能够有助于人们辨别空间的性质和主题。在多数情况下，空间中的一系列行为也总是与空间的性质和主题相符的，而空间同性质的多元主题会带给人们趣味并从中获得深刻印象。这是因为多元的空间主题中，必然带来活动的多样性，也造成空间情节的多元并带来空间体验的多元。各种

主题、情节、体验多元进而使得情绪经历变得多样，因此也就令人印象深刻。

行为多元则是建立在空间主题多元的前提下的。在室内公共空间中，空间的多种功能承载则可以丰富空间的情节内容，使得空间情节如同电影的多种场景呈现在人们面前，从而激起空间的情绪；而对于城市空间来说，最为活跃的城市地带就是在步行街道与市民生活广场，这是因为这些地方承载了多元的生活主题和生活活动（图11）。

03

空间情绪的生成手法

前面已经对空间情绪的产生基础和影响因素进行了探讨，空间主题、题材与空间道具构成了空间情绪生成的物理基础，空间秩序关系则形成空间的情节，在空间、空间秩序的基础上，人的参与性行为活动则构成了空间情绪的直接来源。因此空间、空间秩序以及它们形成的空间情节关系是能否激发空间情绪的关键。空间情节的生成则需设计者将空间体验作为空间设计的目的，而非空间风格形态。对于空间情节的生成可以采用多种策略来获得。

一、情节采集

所谓艺术源于生活，并高于生活。但无论如何，生活永远是艺术创造的生命之源。对于空间的主题与题材来说，我们的生活环境充满了故事情节，而这些情节题材、素材来源可以通过两种方式来获得。

（1）通过亲身体验来获得第一手材料。莱特与阿尔托是这种方式的代表人物。莱特对于美国中西部草原生活情节情景的直接感受影响到他对建筑的情绪表达，平缓的天际线、熊熊的壁炉、垂直的烟囱，木材的质地，平静的生活……这些都是莱特空间的主题和题材。而阿尔瓦·阿尔托对于北欧地区优美的湖泊、安静的环境、本地砖石木材的直接体验构成了他对于空间情绪优雅的表述。

（2）间接借用各种门类情节、历史、艺术，结合自己生活体验与设计主题来抽取空间情节。个人的体验再多也是有限的，只有间接借鉴其他人、其他姊妹艺术的体验来充实自己的体验才能拓宽空间情节的来源和内容。

二、空间剧本编排

在情节素材和题材采集后，对于这些素材与题材的加工就变得十分重要。对于空间剧本的编排注意考虑下列问题。

（1）空间情节如何能够有效的被感知，并被恰当落实到空间要素和空间结构之中去？

空间的素材在使用时，考虑观察者在其间的反应可能。素材转化为空间要素，而空间要素是设计者与观察者、使用者进行沟通的直接媒介。对于有着共同生活经验和经历的双方来说，某一同样经历过的元素可能容易引起共鸣，但对于其他未有相同共同生活经验和经历的观察者、使用者来说就未必如此。因此，在对元素进行处理时，启发观察者、使用者联想的作用性要注意。

在中国水墨画以及中国传统戏剧中，"留白"的手法是个十分有效的手段。对于画面上略去的背景，以及戏剧舞台上不存在的山川河流、城池亭台，人们会用生活经历与生活经验来想象补充完成，而这种补充完成又增添了观赏者的参与感，从而从中获得愉悦。

白石老人论画名言"妙在似与不似间"，也可以被认为是对于素材转化的最好原则。

（2）空间的情节高潮点在什么地方？如何进行精心安排？

空间情节的展开与空间情绪的体验可以类比成为中国传统私家园林的游园体验，而中国传统私家园林空间的节奏处理有着中国诗歌式的"起、承、转、合"关系。例如，上海豫园在空间的处理上园与园之间，各个园景与整体园景之间，空间的高潮主次关系，景色渐进发展过渡关系上都十分讲究。

空间的情节展开的"起、承、转、合"以及高潮等空间节点的处理清晰与否关系着空间观察者的解读准确与否，空间的

12　12．蒙太奇的图像效果

情绪也就在这"起、承、转、合"以及高潮的情节之间获得多种体验，从而变得引人入胜。

（3）空间场景如何进行剪辑？

空间场景的剪辑是空间情绪张力的控制能力体现。在空间的"起、承、转、合"中，剪辑空间场景关系着题材符合主题与否，以及表现力的清晰有力有否等问题。影视作品中，对于主题与镜头场景之间有着多种的处理形式，特别是蒙太奇手法，对于空间场景的剪辑有着直接的借鉴作用。

蒙太奇意为构成、装配。经常用于多种艺术领域，可解释为有意涵的时空人地拼贴剪辑手法（图12）。在电影中，多采用多镜头场景进行并置等手段使得场景变得具有瞬间的复杂感和趣味感。

在空间素材的蒙太奇处理中，并置手法和叠加、嫁接等手法是十分常见的。在斯霍姆伯格广场的铺装设计中，多种材质——木材、金属、金属格栅的并置，结合不同时间，广场不同事件发生的情节，使得广场场景和空间情绪变得极为丰富和有趣。前文所叙述的空间序列组织手法就是空间的场景

剪辑的众多手段之一。

三、空间新的体验

既然艺术源于生活，并高于生活，那么空间素材处理后所获得的空间情节和空间体验就不能仅仅停留在模仿原型的层面上。人们需要超越原型的空间情节和体验。这是因为原型本身多不是完美的，对于空间原型情节素材的提取与加工所获得的结果必然要求比原型更为圆满和理想化；再则，再好的空间原型情节素材与实际应用空间场所之间存在着互不适应性，也必然要求对其进行改造，使之适合于现有的现实场景；而且，过于写实性的形象对于观察者、使用者的进一步联想和空间参与具有一定的限制。

但对于新体验的追求也必须考虑到观察者、使用者的解读能力，使用多种手法不能变成炫耀手法，主题被良好的解读和情绪的被激起是对于新体验性手法成功与否的检测标准。

04
情绪的转化方法

我们在日常的生活中每个人对一个感动自己的事物会产生情绪的变化，但不是每个人都能够将自己的情绪准确和精确表达出来的，"满眼的泪水忍不住落，满心的话儿说不出口"的情形并不只是出现在民歌里。情绪的获得到情绪的艺术化语言表达之间存在着转化的环节，对于一个成熟的设计者、创作者来说将自己获得的感受如何准确、精确地表达出来是需要技巧的。情绪的叙述来源于创作者自身情绪的兴起，而创作者自身情绪的来源则大致可以分为直接的切身体验和间接的经验、感受获得。对于这两类不同的情绪获得，在将这些不同的情绪表述上，就分成了情绪的再叙和转叙两种方式。

一、情绪的再叙

东京知名的先锋派设计公司Super Potato对于空间情绪的理解与设计有着自己独特的视点。在该公司设计的澳门君悦大酒店餐厅以及长安一号餐厅等作品中，我们可以看见日常生活场景是如何被提炼、编排，并上升到艺术作品层面的。澳门君悦大酒店餐厅和长安一号餐厅（图13、图14），它们的空间情绪叙述目标在于建立一种自由、热闹而不失雅致与品位的就餐空间。这种空间的原型来源于市井街头最为常见的大排档小吃摊的形式。大排档对于就餐的人们来说，自由而热闹的氛围是最为直接的感受，在连续的夜市大排档小吃摊之间，开放的炒菜烹饪的台是这个场所中最具吸引力的空间焦点——陈设在外的菜蔬鱼肉、熊熊的炉火、锅碗碟盆相互碰击声……使得这个就餐场所富于引诱力。而零零散散的就餐座椅自由零落地散布在灶台之间，灶台成为空间的主题，也是空间的分割隔断，菜蔬鱼肉、锅碗碟盆则是空间中具有情绪表达渲染力的道具。Super Potato借鉴了大排档的

这些空间素材，并对这些素材重新进行了编排的剪辑组织。空间的素材中，将开放的明档灶台和菜蔬鱼肉、锅碗碟盆为代表的空间道具作为空间重点元素，明档灶台被安排在餐厅空间中最具观赏性的位置，新鲜的菜蔬鱼肉陈设在灶台周边。热闹的烹饪过程，使得空间中的活动性情节被凸显，就餐空间与烹饪空间之间的界限被模糊，空间的功能多元而又具有表演性，灶台边等待食物的顾客被处于一种参与烹饪表演的角色之中，观察又被观察，空间的多元性和表演性激起了人们的参与情绪与观看情绪。新鲜艳丽而摆设整齐的食物使得空间中对于食物渴望的情绪被激起，从而达到了设计者的空间情绪营建目的。

锅碗碟盆等空间道具的作用被Super Potato作为了空间地域特点的重点表达点。Super Potato往往根据餐厅本身所处的地域，以及菜系特点作为主题组织空间道具，以空间道具来说明空间的特点。在澳门君悦大酒店餐厅中，粤菜菜系中特色性的煲汤瓦罐、中式烹饪特色性的大汤勺、南方特色性的竹匾、糕点木模具都点明了空间的地域属性。而在长安一号餐厅中，中式烹饪常用的铁锅、烧烤肉类的红砖烤炉及其木柴和工具、中式菜肴特色性的调味品都被一一陈设，将中式餐厅的特点表达得十分恰当。空间的背景则往往被Super Potato淡化处理，以不具地域性特点的现代空间形式简洁交代即可，使之被隐没在灶台和菜蔬鱼肉、锅碗碟盆之间。

在经过这些种种的设计手段处理之后，大排档被移植进入了星级酒店餐饮空间之中，而其低廉的品质、质量与服务为星级酒店餐饮服务所去除，代之以高品质和优雅的菜肴、服务将常见的空间场所形式转化到高层次的设计作品中，并保留空间原型中最具吸引性的情绪特点，Super Potato在空间情绪题材元素的提取与编排组织处理上走出了自己特色性的道路。

13. 澳门君悦大酒店餐厅　　14. 长安一号餐厅

二、情绪的转叙

因为种种原因，任何人的直接空间体验总是有限的，因此设计师通过间接借用各种姊妹艺术的情绪表述，以及他人的历史经历、艺术感受，并结合自我的生活经历、经验来获得更为广阔多样的空间体验就变得十分重要。而且这种途径也是在设计工作中最为常见的工作方式，这种工作方式的关键就在于将间接的空间经历、感受如何转化为己有，并将这种空间情绪恰当地表述出来。以下列作品为例，我们可以看见设计者是如何将从姊妹艺术中间接获得的情绪转化为自己的空间语言来进行叙述的（图15）。

本案例为笔者指导的环境设计四年级学员作品，要求学员选择一首诗词或音乐，用空间的语言表达出设计者对所选择的诗词或音乐的自我感受或情绪，并结合这种情绪或体验进行一个餐厅的设计。该案例中，设计者选择了古典名曲《春江花月夜》作为自己空间感受和情绪意象的来源。从空间的序列中，自入口处的"月上东山"的空间主题到餐厅主体中的"渔舟唱晚"，《春江花月夜》古曲所表达的数个主题在空间中组织成为有机的序列。在空间意象的表达上，设计者紧扣"月色山水"的"月下"主题，在不同的空间主题区域分别用冷色光、薄纱、圆形灯具等手段表达出"月色"或"月"的意象，使人能从中意识到空间主题与"月色"之间的关联。在空间的情绪上，悠远而平静是设计者从古曲中所获得的情绪体验。那么如何表达出这种悠远和平静呢？设计者认为水平线和垂直线都可以表达出人们平和的心情，而薄纱的材质除了能够表现出月光的朦胧感外，还可以用半透明的特性表达出空间的层次感，同时薄纱上的水墨山水图案在半透明材质的作用下，可以表现出月下江山的平远层次，悠远的空间和心境也就在这渐渐淡去的半透明中表现出来了。

在上述设计案例中，空间体验的间接经验是来源于对其他同种性质产品的提取和抽象而获得，并以材质、色彩和道具气质的编排组织的方式来呈现的。当然，对于这种间接的情绪如何用空间的语言进行转化还有许多其他的方式能够获得实现，但从原则上来说无论使用何种手法，在具体的设计中，空间的种种造型元素的选择都是紧紧扣住空间主题来进行的。空间素材的提取、空间关系结构与素材的紧密结合与组织编排无不围绕着空间的主题来进行的，并在空间中，尽力去激起人们的参与感，使得空间主题、情节、事件统一一体，使空间情绪在这一体中被清晰的激发和唤起，从而达到设计的目的。

15.《春江花月夜》主题餐厅设计

CHAPTER 5

空间设计思维方法与流程

创新是一个民族的灵魂，是生产力发展的不竭动力。创新的根本是思维，是思维方式。空间设计思维的创造过程是一种三度空间思维方式，是感性与理性，逻辑与非逻辑的矛盾结合体。空间设计思维逻辑与非逻辑概念设计创造性思维空间设计是三维度立面的设计，包括建筑设计、室内空间设计、展示设计、景观设计等多个设计领域，无论是一个小的空间环境设计物品还是一个作为建筑物的大体量空间环境构造设计都是这种空间设计思维的体现。

空间设计与思维设计离不开创造性思维，设计思维的核心是创造性，它贯穿于整个设计活动的始终。空间环境构造设计创意的形成，实质上是"功能空间"的组合，蕴含着一定的逻辑关系。

本章主要从空间资料的搜集与整理、空间构造设计策划与空间语言脚本编写、空间构造设计的创意形成等多个层面进行探讨。

01

资料的搜集与整理

设计思维深入的前提是设计者应首先对设计的概念有正确认识。对于整个空间环境设计的设计流程来说，设计思维的科学性表现为一种理性，一种对于从设计到物化为产品过程的客观规律的尊重；设计思维的经济性则表现为设计最终要物化为产品，要进入民众的消费生活因此多数的设计思维中必须包含经济性成分，如考虑到产品生产到销售过程中的成本、产品投放到市场后的经济效益等。因此，设计师在研究空间环境设计的目的时主要在于两个方面：一是了解使用功能，了解空间环境设计任务的性质及满足从事某种活动的空间容量；二是结合设计命题来研究所必需的设计条件，搞清所设计的项目要涉及哪些背景，需要哪方面的资料，从而使下面的资料搜集工作有较强的针对性。

以下场景在我们的空间环境设计服务过程中比比皆是。

客户："请你帮我设计室内（室外）空间环境设计项目吧！"

设计师："好的，请给我设计需求和项目计划。"

客户："我们需要一个比较时尚的空间环境设计项目。"

设计师："我说的不是风格，而是你们的资料和计划。"

客户："哦，我们没有什么资料，你是想要我们的公司LOGO么？"

设计师："我的意思是你们做空间环境设计项目的目的，预算，分析等。"

客户："这些资料没有哦，你不是设计师么，可以帮我设计？"

设计师："……"

是的，这种每天都发生在我们身边设计公司与设计委托方之间的对话比比皆是，这体现的已经不是简单的供求矛盾，而是一个实实在在的问题。大部分的客户和设计师之间的合作都处于一个紧张的状态中，一方面客户无法准确表达内心对于设计品质的要求，并将要求文档化、数据化；一方面设计师又总是很被动地"等着"资料，"等着"需求，"等着"建议，"等着"分析……设计师作为一个服务性工作+创造性工作的岗位，其实从第一次接触客户开始，我们的服务其实已经开始。而面对这样的"需求尴尬"情况，如果你希望做得更好，设计师应该以主动的姿态去获取需求，挖掘需求，固定需求（图1）。

空间环境设计流程的项目信息采集及资料搜集工作，在前期准备中往往占据了设计师的大量时间。如果所接到的设计任务书是尚未动工的设计项目，或土建完成但尚未进行空间环境设计的项目，或改建的项目。设计师必须亲自到现场进行调研。在搜集到该建筑物的图纸资料后而进行的现场调研，可增加对委托任务的环境、地形、地貌性质、风格等方面的感性认识。而无法搜集到该建筑物的图纸时，现场调研可以在感受空间之余而采用测绘的方法进行补测。另外，在可能的条件下，应设法与客户进行多次深入交流，充分了解客户期望的设计意图。

一、搜集设计线索

作为一个项目的研发初期，有两个方面是设计师应该马上开始动手的事情：一是如何搜索关于设计的线索，二是搜集客户的资料。设计的线索不是指你去搜集别人好的作品，那是创意储备，你就算下载几万张图片，那也都是别人的作品，对你的帮助仅仅在于欣赏或者寻找灵感，多看别人的作品更多的作用是寻找同类产品之间的品质区别，如果运气比较好，你还能发现这些设计中的共同点，这些共同点构成了"空间环境设计应该有的样子"。

苦逼设计师的现状
每一个苦逼设计师的背后都有一群指点江山的大神

优秀设计师应该是啥样
优秀设计师应该考虑怎样站在客户的角度阐释设计

01

01．设计师面对的现实问题

设计的线索是：判断设计过程应该从哪个部分开始，从什么方向出发。在设计过程开始之前，搜集线索可以从确定产品性质出发，就是要搞清楚客户究竟要的是个什么东西，比如客户需要一个办公室设计，你就应该考虑客户公司产品的范畴、公司的规模、经营的模式以及标志的应用样例，而不是告诉客户，这个办公室设计可以参考微软，因为你们都是做IT的……大部分客户在风格上实际是没有概念的，而你把设计过程前置，最后给无数的修改埋下了伏笔。其次，设计的预算比例也是重要的参考方向，这些内容之间的关联性如何是我们需要考虑的。然后，这个设计应该服务于哪些用户成为了最重要的部分，作为设计师你也需要了解市场，如果一个设计明知不可行而为之，势必会导致项目最终的失败。"以用户为中心"其实是在提醒设计师——你设计出来的任何产品应该是有用的，是能够解决某些问题的。设计不能作为花瓶，它总有打碎的一天。研究用户还有他们正在使用哪些产品，这些"或许已经成功"的产品就是你设计的原始线索。

二、搜集客户资料

关于客户资料的搜集，主要是为了侧面补充上述设计线索的不足，因为不同的客户情况也部分决定了设计线索的准确性和真实性。一个公司的基本面貌决定了他们对于设计的要求，产品的基本风格等，这些信息对于你在提案过程的表达上相当有帮助。

三、设计评价

问卷调查是直接面对消费者，要搞好设计，必须对目标消费人群进行深入的研究。所谓深入研究主要就是研究他们的生活方式及其价值观。消费者只知道对你制造出来的产品说"好"或者"不好"，说"这儿好"或"那儿不好"，消费者永远也说不出来他们真正需要什么。因此，只有设计师与其

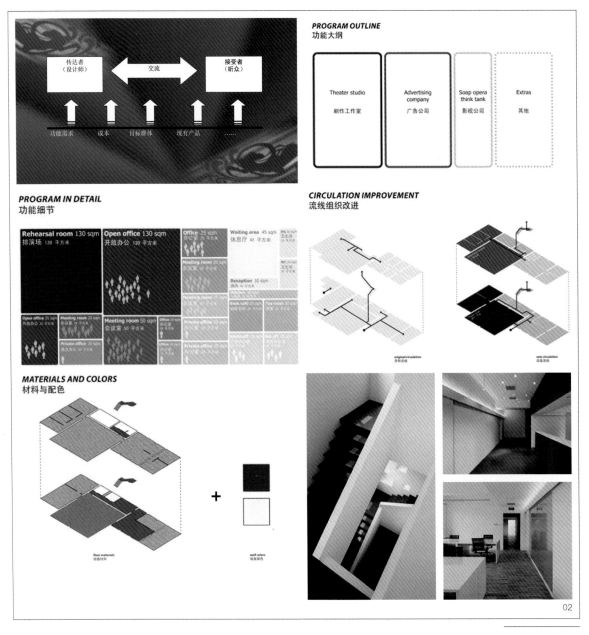

他专业人士结合一起对消费者进行研究,才能解决这个棘手的问题。而他们的研究办法主要有两个,让消费者参与到设计过程中来,以及用观察法研究消费者。设计能力的进一步提高就主要取决于你对目标人群的了解,而这不是靠"灵感"所能达到的了。而对终端消费者的研究靠的是:观察、思考、再观察、再思考,从人—物—环境的关系去思考,从技术、商业流行与社会文化三种发展趋势的角度去思考,从人的物质需求与精神需求两方面去思考。

具体的项目资料搜集工作有以下一些内容。

(1)原有建筑资料:与工程项目有关的设计图纸及其相关资料。

(2)区域的人文背景:工程项目所在区域的历史文化特征、人文背景等情况。

(3)外部环境:工程项目的四周景观、地形地貌、气候日照等情况。

(4)内部环境:各房间面积、层高及基础设施等情况。

(5)功能要求:各房间的功能要求、功能分区,满足人数、空间要求和特殊要求。

（6）人流情况：主要指各房间内动线的人流情况，包括目的性人流、非目的性和停滞状态的人流等情况。

（7）拟定风格：业主喜欢的风格样式或对工程项目的拟风格定位。

（8）拟弥补的缺陷：通过设计装修拟弥补原建筑设计中的不足之处。

（9）设计范围：设计所涉及的工程项目范围。

（10）资金分配：工程项目资金投向与购买（制作）家具设施等项目的资金投向比例。

（11）材料市场情况：拟用饰材的种类、质量、价格、流行性和可行性等情况。

（12）工程周期：工程项目的设计周期和施工工期。

（13）相关案例：国内外的相关优秀工程案例。

（14）相关政策法规：政府和行业部门出台的与工程项目有关的政策文件、标准规范、预（决）算定额等相关资料。

四、设计洽谈

第一次洽淡：协调平面设计规划和布局（图2）。

（1）工地现况图（建筑图或现场测绘平面图）；

（2）初步设计的平面配置图；

（3）简易示意图（初步立面设计及透视图）；

（4）洽谈记录本和卡片；

（5）专业参考书籍（画册和图片）；

（6）基本建材样本和有关说明书；

（7）设计或工程收费报价单（有关专业定额文件、资料）；

（8）服务项目选择表；

（9）设计工具和草图纸；

最好用笔记本电脑存储上述专业资料，电脑演示设计方案和修改。

第二次洽淡：协调细部设计规划。

（1）修改后的平面设计图；

（2）天花设计及灯光设计图；

（3）四向立面图；

（4）重要节点剖面图；

（5）主要重点装饰单元彩色透视效果图；

（6）参考资料（画册和图片或电脑演示图片和录像带）；

（7）洽谈记录本和卡片；

（8）主要饰材样品；

（9）设计工具和草图纸；

（10）笔记本电脑（内存上述专业资料）现场演示和修改。

第三次洽淡：协调细部设计。

（1）基本设计方案和初步施工图；

（2）细部节点剖面施工图（说明材料尺寸规格）；

（3）材料清单及分析表；

（4）参考书籍及主要材料、设备说明书；

（5）洽谈记录卡；

（6）简易设计工具及草图纸；

（7）笔记本电脑。

第四次洽淡：

（1）细部设计全部确定；

（2）饰材确定；

（3）色彩计划；

（4）初步预算协调；

（5）工程工期协调。

需备资料：

（1）全套设计施工图；

（2）饰材样品展示板或小样。

02

空间设计策划与语言脚本编写

空间环境设计概念的提出是设计者在逻辑性和非逻辑性综合作用下的设计思维总结。作为空间设计师，首先要求设计师通过前期调查得到理性资料，分析甲方的具体要求及意图，综合地域特征、文化特色等客观因素加之设计师具备的空间设计思维方式并结合设计草图提出一系列感性的设计概念。设计概念需要经过一个设计策划的逻辑推导过程，要求设计出来的空间必须符合人的需求，包括物质方面的需求和精神方面的需求，同时又离不开科学技术的进步。

不同的功能需求要求有相对应的空间类型、梁柱体系、框架结构、桁架、网架结构等空间和技术是彼此联系不可分割的（图3），因此空间设计具有逻辑性的特点。这种逻辑性思维有具有两种特性：构造体系和演算系统。构造系统需要设计者具备一定的逻辑性思维，对建筑体系有深入的学习和研究；演算系统要求设计者具有良好的逻辑基础以便合理推算出合理的空间结构情况。这些逻辑性思维方式体现在具体的空间设计过程中的空间设计策划阶段。

空间设计最终的实现虽然离不开逻辑性的思维方式，但是设计的过程也是非逻辑的过程。每一个惊世骇俗的设计都离不开设计者的奇思妙想。哥特式建筑色彩斑斓的玫瑰窗（图4）、洛可可式的室内设计形式（图5）、中国古典园林的"一池三山"模式（图6）和日本园林的"枯山水"（图7）无不是设计师们非逻辑性思维的感情结晶体，非逻辑思维包括了形象思维、直觉思维和灵感思维等创造性思维方式。这些逻辑性思维方式体现在具体的空间设计过程中的空间设计语言脚本编写阶段（图8）。

空间设计概念的提出分为感性和理性即逻辑与非逻辑，理性部分包括方案分析（地形地貌、人文环境、环境光照、空间功能分析等）、甲方即客户分析（客户职业、设计定位等）、市场调查（材料、配套设施、报价等）、资料收集（参考图片、数据统计等）；感性部分即设计概念的提出，在通过前面几部分的深入分析之后，设计师需构思出整个项目大的思路和想法，而这些思路和想法又是源于自身的感性思维，进而可以遵循思维的一些常见模式——抽象、概括、归纳等将我们的想法进行筛选过滤找出其内在关系，进行设计定位，最终形成设计概论。

空间感作为空间设计的特征，可以扩展到城市、街道、广场、里弄、公园等，凡是经由人固定和限定的一个空的部分，即成为一个包围起来的空间。建筑、室内、园林是实体和空间的统一构成，同时还具有同空间同样重要的时间含义，我们通常说到"四维空间"，空间的三维空间即长、宽、高，或理解为空间坐标系的X、Y、Z轴。而四维空间是指空间中的时间性，是指空间随着时间的推移而发生的一系列变化，即人在空间领域中行进时随时间的推移所得到的空间体验不断变化的过程。因此我们可称空间设计为"四维空间"（图9）。

空间设计的方式主要包括围合、覆盖、突起、下层、架空、质地几种方式，在三维空间的思维模式下设计出公共空间、半公共半私密空间、私密空间等不同的空间形式，从而产生出适合不同人群需要的空间类型（图10）。

设计的核心是创造性思维，自觉和灵感都能让设计者打破常规、开拓思维，创造的目的在于以非逻辑性的思维方式想出新的方法、提出新的理念、做出新的设计。空间设计策划活

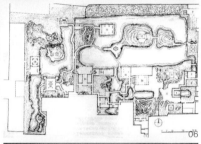

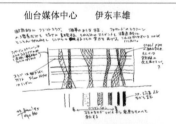

仙台媒体中心　伊东丰雄

03.梁柱体系

04.飞扶壁、尖券结构和哥特式筑色彩斑斓的玫瑰窗

05.洛可式的室内设计形式

06.中国古典园林的"一池三山"模式

07.日本园林的"枯山水"

08.伊东丰雄设计的仙台媒体中心空间结构

平面图

剖面图

09

09．人在空间中的体验

动的过程就是以创造性思维方式以三维空间形式形成设计构思提出设计概念并最终实施设计的过程。当设计师在设计时，从一个设计条件（题目）的提出，到设计概念的浮出，到意象的出现，到设计概念的逐渐具体化，到对设计方案的修改、调整、美化，以及逐渐选择的整个过程，也就代表了"设计思维过程"。空间设计策划整体发展的历程被称为设计思维过程。这个过程形成的程序如下：思路→概念→原型→演绎。

思路：根据主题的需要与条件的前提，形成思维突破的基本思路；

概念：在基本思路的基础上，形成关键性的、浓缩的、鲜明的设计概念；

原型：寻找符合主题愿望的母题素材；

演绎：在母题原型基础上深化、明确化、细节化，发展成比较完整与具体的设计。

草图设计法草图和涂鸦有很大的区别，草图的绘制不同于涂鸦，须具备一定的专业基础，结合一定的理性思维进行思维的一种设计方法，通常我们称之为泡泡图设计法，利用泡泡图就能比较分析，这种方式设计者必须有缩尺的概念，先

10

10.适合不同人群需要的空间类型

将所要设计的空间大小依据性质进行缩尺概括，然后同性质或互补的空间，依据空间缩尺大小圈在一起，慢慢的形成平面草图，这是一个由简到繁，由大到小，由粗到细的过程，通过对空间的反复推敲比较，形成大概的空间分割布局，这种方法使用半透明的拷贝纸结合平面图很好使用，是空间设计最基本的一种设计方法。视觉笔记是用图形记录以视觉信息为主的，表达用文字无法描述清楚的信息。思维的图形表达是将思考以手绘的形式表现。辅助思考是在考虑问题时，应用一种以上的感觉增强图形辅助思考。图形思考是探索型的、开敞的。表达构思的草图大都是片断的，显得轻松而随意，为设想和思路保留了尽可能多的可能性。旁观者通过分析草图，也能感觉到被邀请参与设想，而不是被动的接受信息（图11）。

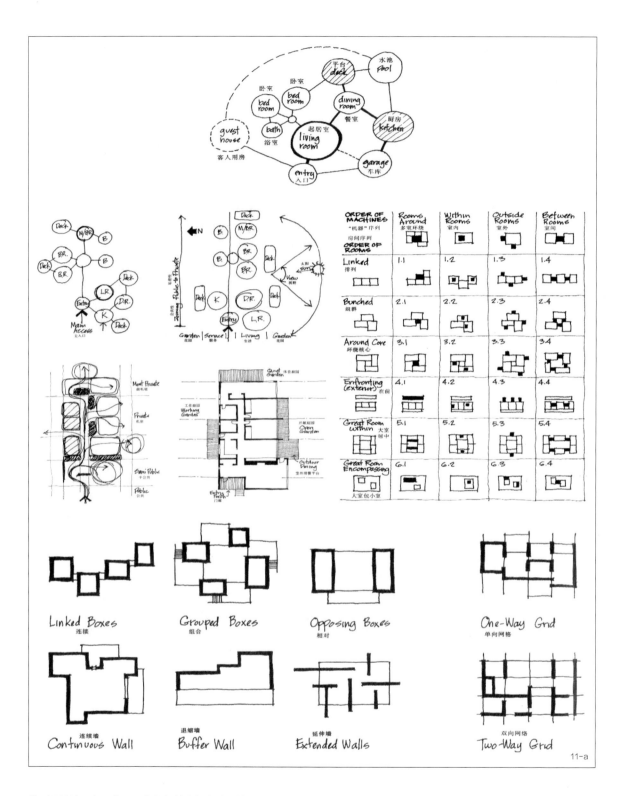

11-a

模型设计法：如果你不具备很好的空间立体思维，那么前面两种方式可能不太适合，因为它们是在二维图纸中绘制，三维空间思维的方式，设计者在绘制涂鸦或草图时大脑中已经具备了空间的三维模型。模型设计法具有前面两种方式所不具有的优势，那就是直观性，通过实际搭建模型，能有一个直观的空间感受。当然空间设计的模型搭建不是乱建立的，

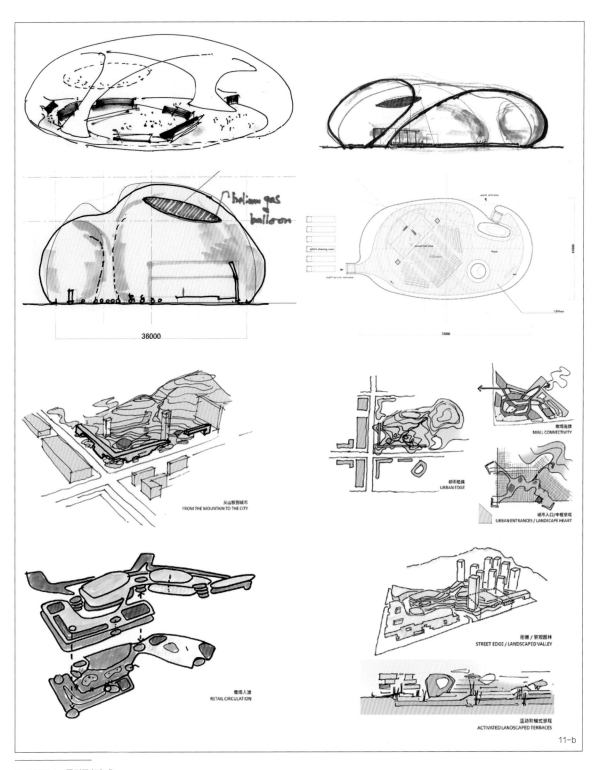

11-a及11-b.图形思考方式

搭建人同样要具备比例的概念,把场景按一定比例缩小,再按照比例尺搭建出来才能推敲空间之间的关系,如同搭积木一样,切割出不同大小、形式的空间,然后按照空间的性质进行整合归纳,最终形成设计方案(图12-13)。

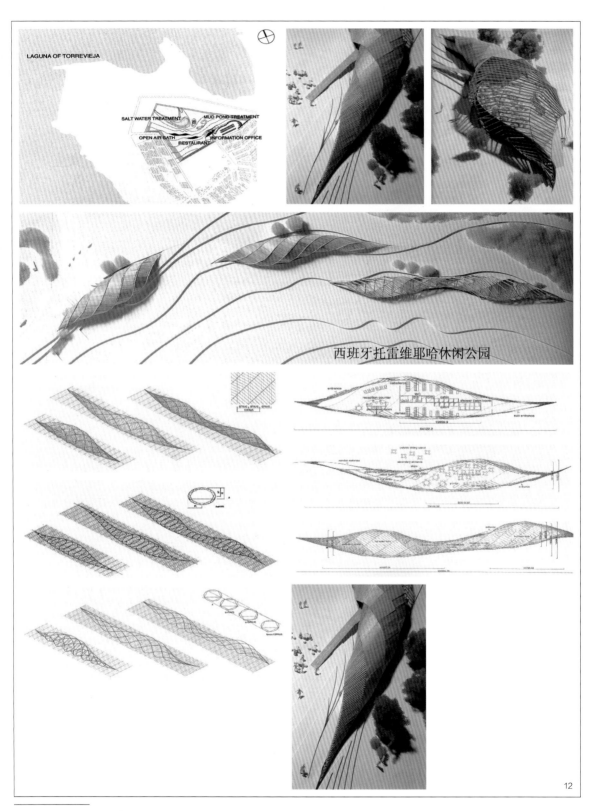

西班牙托雷维耶哈休闲公园

12.西班牙托雷维耶哈休闲公园

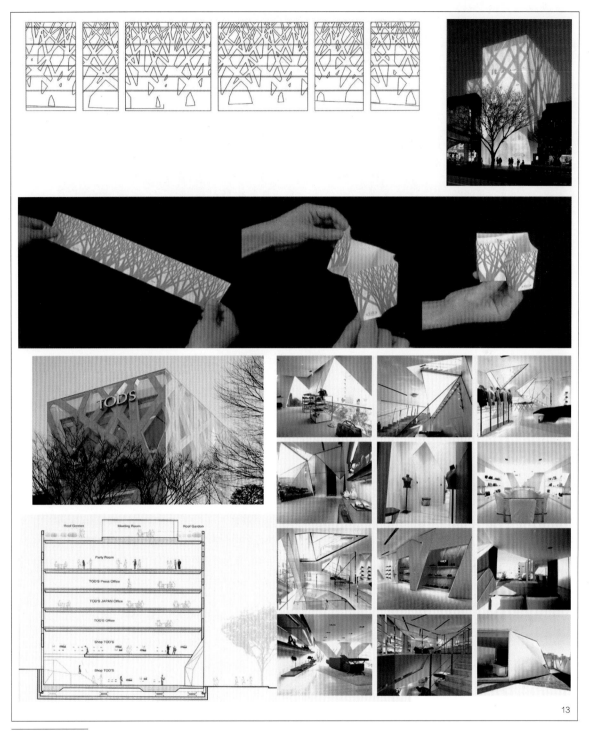

13

13．东京TOD´S表参道大楼

空间环境设计语言脚本编写是用剧本导引法深入研究终端消费者为目的的，设计师为未来设计的产品或服务必须明白目标消费人群是什么，答案是与目标消费人群有关的一切，硬环境和软环境。因为他们未来的需求是由他们的生活方式及价值观决定的。在这里，生活方式可能更多地反映在硬环境上，而价值观可能更多地反映在软环境上。所谓剧本导引法就是用"写剧本"与"演剧"的方式将目标消费人群在未来所处的软硬环境下的使用行为表演出来，从而发现目标消费

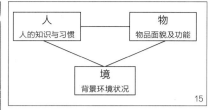

14.葡萄牙建筑事务所OODA获得新台北市立美术馆优秀奖作品　15.人的生活方式是由人、境和物决定　16.勒·柯布西耶设计的萨伏伊别墅

人群在未来的实际需要。因为要"演剧",舞台上就不可能是空荡荡的,不能没有道具;需要要像实际生活中那样一点点地填满,而且不可以随便填,要思考以后放进去,每一件都要恰如其分,否则都可能会影响到设计产品的设计效果。剧本中强调的还是人、境和物(图14)。因此,在编制剧本前,必须对于人的知识与习惯、物品面貌与功能,以及背景环境情况进行深入细致的研究和讨论,最后才能将活动勾画得有声有色。

空间环境设计语言脚本编写内容主要包括:空间形态与构成设计:空间的限定,感知,组织,设计方法;空间风格与主题设计:风格的选择与确立,主题表达的方法,设计定位与流程;材料、色彩、光影与空间表现;空间细部的构造与设计。

(一)现代主义的空间环境设计语言脚本编写

现代建筑大师们以他们的实践作品,探索了新的空间概念,例如"空间连续性""流动空间""通用空间",成为现代建筑的主要特点之一。

1."空间连续性"

相当于立体派的时空概念。例如,勒·柯布西耶设计的萨伏伊别墅、莱特设计的威立茨住宅、罗比住宅、古根海姆博物馆等。萨伏伊别墅:平面近似一个方形,长约22.50m,宽20m,与简单的建筑形体相比,内部空间相当复杂。底层三面为独立柱子,中央部分有门厅、车库、楼梯、坡道和仆人用房;2层有客厅、餐厅、厨房、卧室和院子等;三层有主人卧室及屋顶平台等。柯布在楼层之间,采用了在室内很少使用的斜坡道,由底层贯通顶层,创造了空间的连续性(图

15)。柯布十分强调借助人的走动来体验和理解建筑,这一概念被应用到别墅中,成为组织别墅空间所需要的要素。

2."流动空间"

即室内空间与室外空间以及室内空间彼此之间都是流动的。例如,密斯·凡·德·罗设计的巴塞罗那世界博览会德国馆(图16)。德国馆:平面为一矩形,长约25m,宽约14m。隔墙有玻璃和大理石两种,它们的位置十分灵活,纵横交错,形成了一些似分似合、似开敞似封闭的空间,室内各空间之间以及室内与室外空间之间相互穿插、渗透、流动,没有明确的边界。

3."通用空间"

即空间不变,功能可变。有一种实用和经济的空间,以适应各种功能的需要。例如,密斯·凡·德·罗设计的伊利诺理工学院克朗楼、柏林新国家美术馆等(图17)。这种以"少就是多"为理论基础,以"通用空间""纯净形式"和"模数构图"为特征的设计方法和手法,成为密斯的标志,在20世纪50至60年代被称为"密斯风格"。

(二)后现代主义的空间环境设计语言脚本编写

现代派视空间为建筑艺术的本质,空间被当成各向同性,是由边界所抽象限定的,又是有理性的。逻辑上可对空间从局部到整体,或从整体到局部进行推理。"与之相反,后现代空间有历史特定性,植根于习俗;无限的或者说在界域上是模糊不清的;'非理性的',或者说由局部到整体是一种过渡关系。边界不清,空间延伸出去,没有明显的边缘。"考察后现代建筑空间设计,有一个特点值得我们注意,即"空间层次性"和"空间戏剧性"。加强空间层次性和戏剧性的

17

17．密斯·凡·德·罗设计的巴塞罗那世界博览会德国馆；密斯·凡·德·罗设计的伊利诺理工学院克朗楼、柏林新国家美术馆

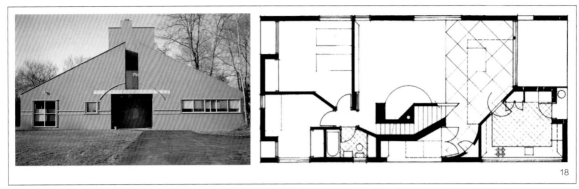

18．罗伯特·文丘里设计的文丘里母亲住宅
19．盖里的自宅、奥斯瓦尔德·马提亚斯·温格斯的德国建筑博物馆

手法有多种，常常因建筑师而异。

1．"二元统一"

即兼容并蓄、对立统一的设计手法。例如，罗伯特·文丘里设计的文丘里母亲住宅（图18），平面或立面似对称又不对称，形式似传统又不传统，门洞开得很大，但真正的门却偏于一侧，壁炉与楼梯相互结合，好似在争夺起居空间的中心地位。

2．"屋中之屋"

由一个大空间包容一个或多个小空间的设计手法。例如，盖里的自宅，在一个较大空间中插入了两个较小的空间，形成"空间中的空间"。德国建筑博物馆也是如此，在旧建筑内部建造了一个纵向贯通的屋中屋空间，半地下室是一个"四柱空间"（原型），首层是六柱空间，到顶层是一个带有山墙的小房间。（图19）

3．多种空间并置

将多个看似毫无关联的空间并置在一起，形成空间的不定性，以此来对抗空间的确定性。例如，汉斯霍莱因设计的法兰克福现代美术馆（图20），建筑内部连续的空间，如同这座城市一样，充满了不定性，它要求参观者要以自己的意志来决定其方向和对事物的看法，由此而创造出多种并置的空间。

（三）解构主义的空间环境设计语言脚本编写

解构主义建筑师或以解构主义哲学，或以结构主义语言学，或以构成主义思想作为他们建筑思想的理论基础，以语言学的规律、生成语法的结构、形式构成的手法等来实现建筑的生成和转化过程。建筑要素的交叉、叠置和碰撞，成为设计的过程和结果，虽然所产生的建筑空间与形式呈现某种多向度、不规则、无秩序、非理性的状态，但其内部逻辑和思辨过程，还是清晰一致的。例如，李柏斯金设计的柏林犹太人博物馆、屈米设计的拉维莱特公园、艾森曼设计的欧洲被屠杀犹太人纪念碑、伊东丰雄的仙台媒体中心、伦敦海德公园茶室等（21a~21b）。

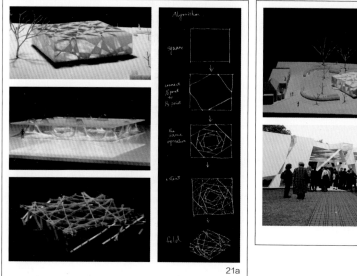

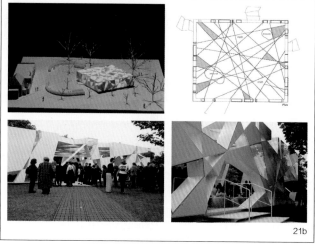

20 . 汉斯霍莱因设计的法兰克福现代美术馆   21a~21b . 伊东丰雄的伦敦海德公园茶室

03

空间构造设计的创意形成

设计创意，是灵感与创新，是海纳百川的无限境界。灵动的思维是设计的本质，只有思维的灵动才有设计时无边无际的想象空间，只有灵动的思维才有群策群力的快感。设计是一种态度。左右逢源的善变，才为真正的设计。于变中求通，在通中求变，是创意设计者突出的思维结构。而独特的思维角度才是设计者通变的能力，日新月异是设计者的原则。设计思维的创意形成形式及特征有：

一、叙述性创意思维

设计师的设计思维模式是以说故事的方式来陈述设计作品，其中就包含了设计师的个人价值观在通过说故事的形式对使用者进行软性说服（催眠），将设计作品的隐喻效果增加（图22）。

二、感性创意思维

以如何增加设计作品的感染力为主要诉求点，因为一件设计作品若是能够引起使用者的认同，即是成功的作品（图23）。

三、说服性创意思维

当使用者对于设计作品仍然存有怀疑时，设计师必须要透过设计手法为作品赋予感染力，进而产生说服力（图24）。

四、创新性创意思维

设计的构思设想如果能够把握创新的原则，就可以让使用者耳目一新，而且拥有创新思维的设计才是设计师所追求的（图25）。

空间设计与思维设计离不开创造性思维，设计思维的核心是创造性，它贯穿于整个设计活动的始终。创造的意义在于突破已有事物的约束，以独创性、新颖性的崭新观念或形式体现人类主动地改造客观世界、开拓新的价值体系和生活方式的有目的的活动。空间构造设计的最终创意形成的空间设计与人的生活息息相关。建筑空间为人类提供遮风避雨的场所；室内空间为人类精神需求提供舒适的居家空间；景观设计为人类提供赏心悦目宜人的居住环境，我们的生活无时无刻不在空间中进行，空间设计同时也影响着人类的生活方式。地域性和文化性是决定空间设计必不可少的因素，不同民族文化的差异造就了不同的审美观念，审美观念的形成又是由人的思维方式造成的，这种思维意识也是人区别于动物的思维方式，这种区别必然会在空间设计过程有所体现。因此在空间设计过程中，设计师的不同思维模式和方向，包括空间认知度和感知度、环境因素（形、光、色、质等）、行为学和心理学等都对最终的设计结果起到决定性作用。我们对于环境事物的感觉经验，都是源于过去的接触积累，即使不经肌体接触，也能判断它的软硬，粗细，轻重，冷热……尽管因生活背景、学习经验各异，但经过不自觉的归纳，秩序化的本能，多数人内心深处沉淀的感官经验是完全相似的。设计可

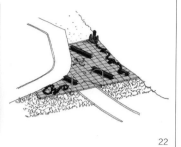

22

23

24

25

22.叙述性创意思维—Bay ship和Yacht设计事务所

23.感性创意思维

24.说服性创意思维

25.创新性创意思维

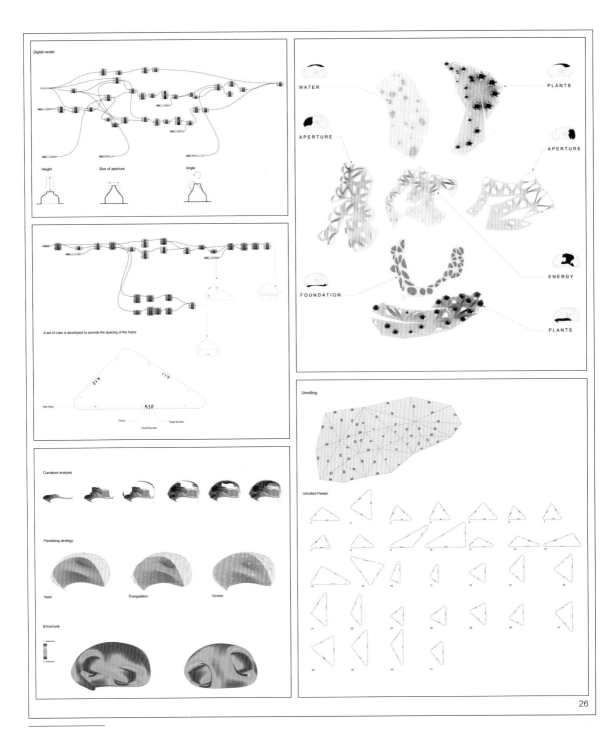

26 . 参数化设计方法

以从多种渠道获得创意灵感，其思维以丰富的理念为特征。电脑技术在设计学科中的广泛运用，带来了设计方法和观念的变革，成为设计和创作的新趋势和新动向。首先，电脑虚拟技术的发展和在设计领域中的应用，使设计中艺术与技术即设计作品的物化过程的隔膜得以消失，也使传统的设计程序发生了根本的变化，即有可能实现真正意义上的"并行设计"，使设计作品能综合艺术、结构、工艺、技术、材料、经济等多方面的因素，以谋求最佳、最完善的实现途径，使最终的物化得到理论上的可行性和经济性的高度整合，成为检讨设计的重要手段。现代主义建筑虽然在直观形式，设计

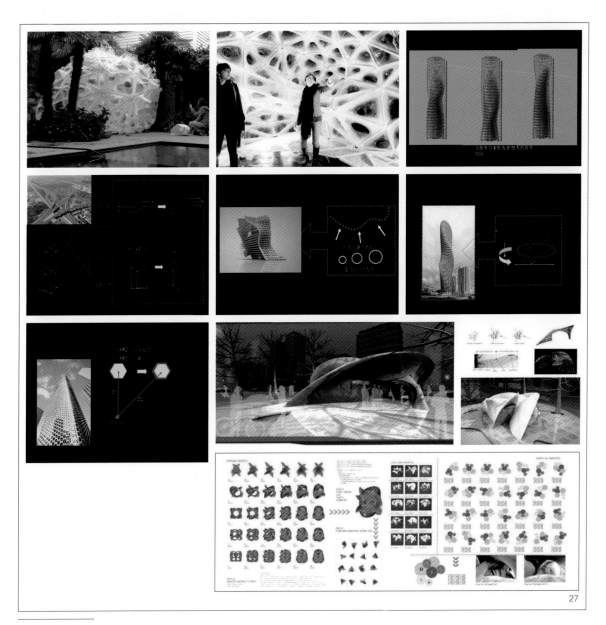

27

27 . 参数化表现

手法及设计思想上背离了西方建筑传统，但在建筑的审美原则上并没有放弃两千年来深入人心的理性美学及古典传统，这种美学困局想讲求"和谐、统一、完整"。后现代主义及解构主义将建筑从现代主义的条条框框中拯救出来，使建筑获得形体自由就意味着建筑的形体设计本身不需要遵守任何预设的标准，可以自由选择。从而颠覆了几千年的西方理性美学传统，因而具有划时代的历史意义。

参数化设计（图26~图27）是用参数化背后的逻辑或称思维方式来构思设计，是一种新的思维方式和方法论。参数化设计，对应的英文是Parametric Design。是一种建筑设计方法。该方法的核心思想是，把空间环境设计的全部要素都变成某种函数的变量，通过改变函数，或者说改变算法，人们能够获得不同的建筑方案。 具体应用性能参数化、形体参数化、表皮参数化等各个方面。空间环境构造设计创意的形成，实质上是"功能空间"的组合，蕴含着一定的逻辑关系。如果从参数化设计的角度来看，这就已经具备可操作性了。我们可以把一个一个的功能空间定义出来，再把它们之间的逻辑关系定义出来，那么，在符合逻辑关系的条件下，功能空间有多少种组合方法？通过各种参数化设计的软件，我们能够得到许多种答案，它生成的许多形式，是无法预想到的。参数化方法成了一个具有启发性的工具，将是面向未来的空间构造设计的创意形成方法的趋势。

CHAPTER 6

空间构造的数字化构成与设计

新技术正在从根本上改变我们的社会日常生活，尤其20世纪末开始出现的数字化技术的发展和成就引发的电子技术和数字化媒体的兴起与普及，例如赛博空间借助譬如超媒体、信息技术、虚拟现实、人机界面、电脑游戏等多种显现方式正在构成人类对空间环境设计概念的重新定义与反思。

21世纪数字化技术的发展和成就构成了空间环境设计构造及其设计现状赖以存在的重要背景，推动了空间环境在设计、建造和管理等各方面的发展，并使其大为改观设计中很重要的技术性成分，这些必须得以重视，尤其在设计这一门艺术与科学融合的学科上，必然需要一定程度上缩短设计传统思维相对当代数字化技术的距离感。

本章主要从空间数字化设计方法、Auto CAD、3D Max、SketchUp、Rhino与GRASSHOPPER、虚拟交互式体验方式及实现等多个层面进行探讨。

01
数字化设计方法

自20世纪50年代末始，随着计算机的出现和逐步普及，人类社会已经步入数字化的时代。欧美发达国家主导的时代进步其时间跨度概念是以人们常用的最具代表性的生产工具的变革来代表一个历史时期变革更替的，例如：石器时代、铁器时代、蒸汽时代、电气时代、数字时代等（图1）。因此，在近100年里发生的人类第三次产业革命一直延续到现在，新科技革命呈现出以电子信息业的突破与迅猛发展为标志的从电气时代走向了信息时代的态势。而因为电子信息的所有机器语言都是建立在以数字为代表的庞大语言逻辑体系上的，所以所有的一切建立在数字化电子信息基础上的数字时代，也就成了信息时代的代名词。新技术正在从根本上改变我们的社会日常生活，尤其20世纪末开始出现的数字化技术的发展和成就引发的电子技术和数字化媒体的兴起与普及，例如赛博空间借助譬如超媒体、信息技术、虚拟现实、人机界面、电脑游戏等多种显现方式正在构成人类对空间环境设计概念的重新定义与反思。

麻省理工学院（MIT）媒体实验室主任尼葛洛庞帝（图2）在《数字化生存》一书中，提出了"信息的DNA"正在迅速取代原子而成为人类生活中的基本交换物引发的比特正在从生活中的点滴入手为人类生活方式的变革带来的巨大影响。尼葛洛庞帝在《数字化生存》一书中，充分展示了数字化科技对我们生活、工作、教育和娱乐带来的各种冲击，由此，"数字化"一词，俨然成为了信息时代最重要的象征。"数字化技术"是泛指将信息对象转化成数字信号，通过电脑存储、处理，由计算机网络进行传输的诸多软硬件技术。其中，虚拟现实技术、智能科技、大型数据库系统以及计算机网络对于建筑设计的初期构思、设计方案的优化和施工管理等方面都发挥着巨大的作用。

赛博空间（Cyberspace）的诞生，正是体现了数字时代到来后人类生存空间的演进与科学技术的进步相联系而产生的人类依靠自身知识的积累和智慧创造力来应对解决生存问题的一种途径。赛博空间也被称为"异次元空间""多维信息空间""电脑空间""网络空间"等，本意是指以计算机技术、网络技术、虚拟现实技术等信息技术的综合运用为基础，以知识和信息为内容的新型空间。这一空间定义已经打破了既有对物质空间的定义范畴，在哲学上呈现出一种法国哲学家德勒兹所关注的无结构的结构、非中心性的、非整体化的后结构主义哲学美学旨趣，空间观念也吻合于其《千高原》一书中"重复""折叠""叠层"等概念空间或"块茎"图式（图3）。进而成为人类用知识创造的人工世界下一种用于知识交流的虚拟空间。本质上是对20世纪以来的科学技术在创造了高度发达的物质文明的同时，也在人类的利用中产生了反自然的异化力量并带来全球性的生态危机背景下，人类的可持续发展受到严重威胁后寻求一种新的生存空间的迫切需求。他在其著作《比特之城：空间、场所和信息高速公路》《伊托邦:数字时代的城市生活》《我++：电子自我和互联城市》数字空间"三部曲"中进一步对数字时代的到来对未来信息时代的城市、建筑、环境空间呈现的面貌提出了其前瞻性的观点，旨在说明随着数字化设计运用的不断普及，体现出特征明显的数字化空间趋势（图4）。

在20世纪80年代，西方设计学界就开始探讨设计向后工业社会过渡和未来的设计走向等问题，提出了基于电子信息空间的虚拟化设计、信息设计、网络界面设计等概念，这类设计涉及数字语言及程序化等非物质特征，因此提出了非物质设计概念。当代非物质设计概念的提出正是在数字化科技时代到来背景下，从一个基于制造和生产物质产品的社会向一个基于服务的经济性社会的转变。由非物质设计观引发的数字化技术支撑的赛博空间，将信息时代环境艺术设计中的

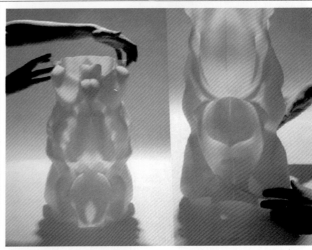

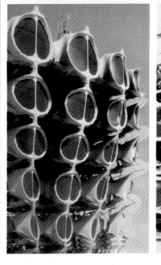

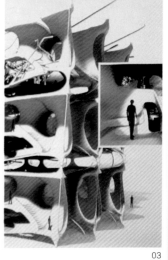

01 . 随着计算机的出现和普及，人类社会已经步入数字化的时代

02 . 虚拟现实技术、智能科技、大型数据库系统以及计算机网络对于设计的初期构思、设计方案的优化和施工管理等方面发挥着巨大的作用

03 . Neris Oxman设计的MoMa_Raycounting和Jerry Yata Architects设计的Daben Waterfront Hotel

04 . 赛博空间

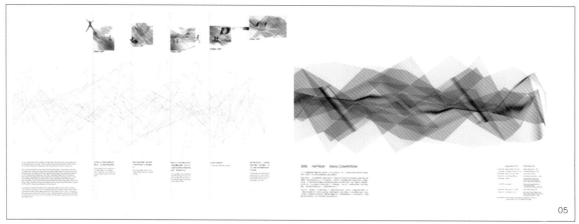

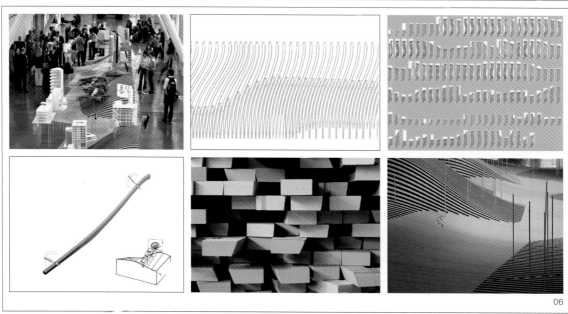

05. 中国设计师马岩松的"Net+Bar"网吧概念室内设计竞赛作品　　06. Inventioneering Architecture，巡回展平台，2005

网络空间感受、信息技术与艺术思想、情感化的交互哲学等诸多层面，以非物质的虚拟设计、数字化设计为主要特征的设计新领域手段替代以往以设计的功能、形式、存在方式为设计本质的物质化设计。虚拟现实技术是指以计算机技术为核心的现代高科技生成逼真的视、听、触觉等一体化的虚拟环境，用户可以借助各种特殊的硬件设备（如空间位置跟踪器、数据手套、力反馈设备等）与虚拟环境中的物体进行交互，从而产生身临其境的感受和体验。虚拟现实技术所虚拟的环境可以是真实世界的再现，如真实建筑物的虚拟创建；也可以是纯粹构想的虚拟世界，如三维动画中的建筑及环境。如在中国设计师马岩松的"Net+Bar"网吧概念室内设计竞赛作品（图5）体现的正是人们在物理世界和虚拟世界两个空间中同时生活，将原本功能性的"网吧"作为一个在现实世界中的社交场合扩大其作用为在虚拟世界中显示的一个新的实体。在这个设计中，一个真正的酒吧被修造了，并且通过网络围拢的抽象形式被提出来了。这个真正的酒吧由"小点"（信息分散和招待会个体）组成，并且"连接"（信息传输道路）各种各样的小点之间，确定它的结构。小点的数量确定数额和链接的方向，塑造一个真正酒吧的空间和结构。而空间与时间一起消逝，而空间是不断转化的，随着时间的推移。虚拟酒吧中任何人都可以加入在这个地方从地球的任何一个角落进行的虚拟"面对面"沟通。

设计就是设想、运筹、计划和预算，它是人类为了实现某种特定的目的而进行的创造性活动。设计具有多重特征，同时广义的设计涵盖的范围很大。设计有明显的艺术特征，又有科技的特征和经济的属性。设计的科技特性，表明了设计总

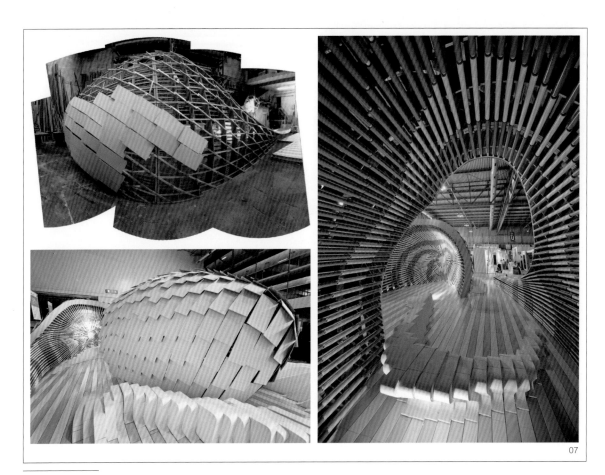

07 . 流动性/ gglab + Paulo Flores

是受到生产技术发展的影响。设计和技术有着密不可分的关系，数字化空间环境设计就是数字技术和设计的紧密结合。人类社会已经步入数字化的时代，电子技术和数字化媒体的兴起与普及影响着人类社会的方方面面。21世纪数字化技术的发展和成就构成了空间环境设计构造及其设计现状赖以存在的重要背景，推动了空间环境在设计、建造和管理等各方面的发展，并使其大为改观（图6）。技术的快速提高，新的工具不断产生，使得当今的设计者一下子拥有了过去几十年甚至几百年里设计师们都不曾拥有的条件，他们有了用不旧的笔刷、使不完的颜色、变化多端的画布、还有很多前所未有的创作手法、各种辅助工具使选择变得异常的复杂和繁多。设计领域中发生了奇妙的变化，计算机辅助设计，计算机辅助绘图，设计师在虚拟的空间中重新描绘着世界，创造着三维虚拟空间，从而来模拟现实世界中的空间环境设计及其构造。轻轻的点击鼠标或敲几下键盘，我们就得到了各式各样的画笔，各种所能想象的色彩、线性、体块，简单的操作就实现了以前数月数年的工作，当然还有快速的复制和传送。使得存在于人们头脑中的各种灵感与创意可以更快捷更真实地呈现出来。网络的产生，数字技术将我们有形的设计转变成光速传递没有重量的比特流，信息在各种通讯协议上高速地传输，使得你的设计也可以很快地传遍世界。三维的数字化扫描技术的产生使快速的建模成为了可能，3D 打印技术的产生则使得数字化又一次使设计领域得到了巨大的推动。这些都说明了，随着技术的不断深入发展，技术离我们越来越近了。同时这些突飞猛进的数字化变革也使得国内有关方面的空间环境设计教育方法和相应的知识结构都亟需跟上国际设计教育的发展平均水平，也使得我们在相当长的一段时间里对设计的理解不够准确和深入，并将很多概念还停留在"工艺美术"阶段的误区从未得以重新审视。设计中很重要的技术性成分必须得以重视，尤其在设计这一门艺术与科学融合的学科上，必然需要一定程度上缩短设计传统思维相对当代数字化技术的距离感。其实从世界范围这个角度看有很多杰出的现代设计师也都是来自技术方面的优秀人才（图7）。

02
Auto CAD

CAD是一个包括范围很广的概念，概括来说，CAD的设计对象有两大类，一类是机械、电气、电子、轻工和纺织产品；另一类是工程设计产品，即工程建筑，国外简称AEC（Architecture、Engineering和Construction）。工程图是工程师的语言。绘图是工程设计乃至整个工程建设中的一个重要环节。然而，图纸的绘制是一项极其繁琐的工作，不但要求正确、精确，而且随着环境、需求等外部条件的变化，设计方案也会随之变化。一项工程图的绘制通常是在历经数遍修改完善后才完成的。随着计算机的迅猛发展，工程界的迫切需要，计算机辅助绘图（Computer Aided Drawing）应运而生。计算机绘图是通过编制计算机辅助绘图软件，将图形显示在屏幕上，用户可以用光标对图形直接进行编辑和修改。由计算机配上图形输入和输出设备（如键盘、鼠标、绘图仪）以及计算机绘图软件，就组成一套计算机辅助绘图系统。

AutoCAD是美国Autodesk（欧特克）公司开发的通用计算机辅助设计软件包（图8），是用计算机硬、软件系统辅助人们对产品或工程进行设计、修改及显示输出的一种设计方法。它具有易掌握、使用方便、体系结构开放等特点。AutoCAD自20世纪80年代初问世，其版本不断更新，到目前为止，已相继推出了R14、2000、2002及2013等十几个版本。随着软件版本的不断升级，它不仅具有了很强的二维绘图编辑功能，而且具备了较强的三维绘图及实体造型功能。根据模型的不同，CAD系统一般分为二维CAD和三维CAD系统（图9）。二维CAD系统一般将产品和工程设计图纸看成是"点、线、圆、弧、文本……"等几何元素的集合，系统内表达的任何设计都变成了几何图形，所依赖的数学模型是几何模型，系统记录了这些图素的几何特征。设计人员通常用草图开始设计，将草图变为工作图的繁重工作可

以交给计算机完成；由计算机自动产生的设计结果，可以快速显示出来，使设计人员及时对设计作出判断和修改；利用计算机可以进行与图形的编辑、放大、缩小、平移和旋转等有关的图形数据加工工作。CAD能够减轻设计人员的计算、画图等重复性劳动，专注于设计本身，缩短设计周期和提高设计质量。

三维CAD系统的核心是产品的三维模型。三维模型是在计算机中将产品的实际形状表示成三维的模型，模型中包括了产品几何结构的有关点、线、面、体的各种信息。计算机三维模型的描述经历了从线框模型、表面模型到实体模型的发展，所表达的几何体信息越来越完整和准确，能解决"设计"的范围越来越广。其中，线框模型只是用几何体的棱线表示几何体的外形，就如同用线架搭出的形状一样，模型中没有表面、体积等信息。表面模型是利用几何形状的外表面构造模型，就如同在线框模型上蒙了一层外皮，使几何形状具有了一定的轮廓，可以产生诸如阴影、消隐等效果，但模型中缺乏几何形状体积的概念，如同一个几何体的空壳。几何模型发展到实体模型阶段，封闭的几何表面构成了一定的体积，形成了几何形状的体的概念。由于三维CAD系统的模型包含了更多的实际结构特征，使用户在采用三维CAD造型工具进行产品结构设计时，更能反映实际产品的构造或加工制造过程（图10）。

在CAD技术发展的初期，CAD仅限于计算机辅助绘图，随着计算机软、硬件技术的飞速发展，CAD技术才从二维平面绘图发展到三维产品建模，随之也就产生了三维线框造型、曲面造型以及实体造型技术。而如今参数化及变量化设计思想和特征造型则代表了当今CAD技术的发展方向。参数化设计一般是指设计对象的结构形状比较定型，可以用一组参数来约定尺寸关系，参数的求解较简单，参数与设计对象的

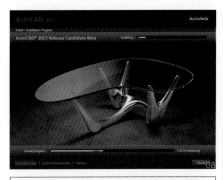

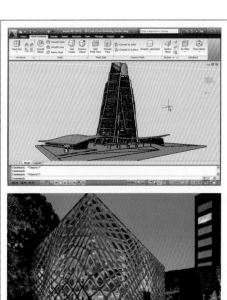

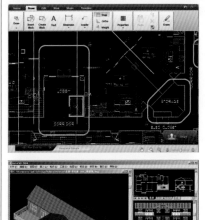

08 . AutoCAD 2013的界面

09 . 二维CAD和三维CAD系统

10 . 几何模型发展到实体模型阶段

控制尺寸有显式对应关系，设计结果的修改受尺寸驱动。生产中最常用的系列化标准件就是属于这一类型。变量化设计（Variational design）是指设计对象的修改需要更大的自由度，通过求解一组约束方程来确定产品的尺寸和形状。约束方程可以是几何关系，也可以是工程计算条件，设计结果的修改受到约束方程驱动。变量化设计允许尺寸欠约束的存在，这样设计者便可以采用先形状后尺寸的设计方式，将满足设计要求的几何形状放在第一位而暂不用考虑尺寸细节，设计过程相对宽松。变量化设计可以用于公差分析、运动机构协调、设计优化、初步方案设计选型等，尤其在做概念设计时更显得心应手。新的 CAD 系统都增加了参数化和变量化设计模块，使得产品的设计图可以随着某些结构尺寸的修改和使用环境的变化而自动修改图形，这可以减少大量的重复劳动，减轻设计工作量。因此在国内空间环境设计发展过程中，3D Max 的使用率更是占据了绝对的优势，成为比较成熟的建筑效果图和建筑动画制作辅助工具。在实际工程设计过程中，多运用 3D Max 进行工程案例模拟设计，借助其模拟设计的直观性，可大大提高设计师的工作效率，减少和避免设计缺陷；在与客户交流的过程中，3D Max 效果图可让客户提前浏览到工程完工后的效果，便于与客户的交流，以便根据客户的要求做出相应的方案调整，有效减少施工过程中由于设计变更而造成的不必要的经济损失；在与施工方交流时，3D Max 效果图可辅助施工，并弥补施工图纸直观性不足的缺陷，可让施工人员更直观地看到结构造型，降低工程施工出错返工的风险。

3D Max 的插件也非常丰富（表1），几乎可以说已经到了庞大的地步，其插件极大的丰富和强大了 3D Max 软件的功能。除此以外。3D Max Design在最新版本中还在建筑、工业、制图应用方面，主要在灯光方面有改进，有用于模拟和分析阳光、天空以及人工照明来辅助 LEED 8.1 证明的 Exposure 技术，这个功能在viewport中可以分析太阳、天空等。

03

3D Max

3D是three-dimensional的缩写,意即三维图形。在计算机里显示3D图形,就是说在平面里显示三维图形。不像现实世界里,真实的三维空间,有真实的距离空间。计算机里只是看起来很像真实世界,因此在计算机显示的3D图形,就是让人眼看上就像真的一样。人眼有一个特性就是近大远小,就会形成立体感。计算机屏幕是平面二维的,我们之所以能欣赏到真如实物般的三维图像,是因为显示在计算机屏幕上时色彩灰度的不同而使人眼产生视觉上的错觉,而将二维的计算机屏幕感知为三维图像。

3D Studio Max,常简称为3ds Max或3D MAX,是Discreet公司开发的(后被Autodesk公司合并)基于PC系统的三维动画渲染和制作软件。3ds Max是当前世界上销售量最大的三维建模、动画及渲染解决方案。它将广泛应用于视觉效果、角色动画及下一代的游戏。至今3ds Max获得65个业界奖项,而3ds Max将继承以往的成功并加入应用于角色动画的新的IK体系,为下一代游戏设计的交互图形界面,业界应用最广的建模平台并集成了新的Subdivision表面和多边形几何模型,集成了新的ActiveShade及Render Elements功能的渲染能力。同时3ds Max提供了与高级渲染器的连接比如MntalRay和Renderman,来产生特殊的渲染效果如全景照亮,聚焦及分布式渲染。创造丰富、复杂的可视化设计,为畅销游戏生成逼真的角色,把3D特效带到大屏幕。3D Studio Max建模、动画和渲染软件通过简化处理复杂场景的过程,可以帮助设计可视化专业人员、游戏开发人员以及视觉特效艺术家最大化他们的生产力。软件特点:

1. 功能强大,扩展性好。
2. 操作简单,容易上手。
3. 和其他相关软件配合流畅。
4. 做出来的效果非常的逼真。

表1 3D Max的插件

类型	扩展名	说明
建模类	DLO	扩展模型的创建功能,比如建立地形、演示等特殊形体,以及各种系统辅助对象
修改器类	DLM	提供特殊的修改功能,比如特殊变形、表面特殊的成型处理等
渲染效果类	DLR	增强渲染效果或大气效果,比如卡通风格渲染,特殊的空气尘埃效果
输入/输出类	DLI/DLE	用于扩充MAX导入/导出的文件格式
材质贴图类	DLT	扩充新的材质和贴图类型
视频效果类	FLT	在MAX的视频通道Video Post中增加新的滤镜效果
特殊工具类	DLU	属于特殊用途的类型

04

SketchUp

Google SketchUp是一套直接面向设计方案创作过程的设计工具，其创作过程不仅能够充分表达设计师的思想而且完全满足与客户即时交流的需要，它使得设计师可以直接在电脑上进行十分直观的构思，是三维建筑设计方案创作的优秀工具。它比其他三维CAD程序更直观、灵活以及易于使用。基于便于使用的理念，它拥有一个非常简单的界面。最新版本SketchUp Pro 8.0（图11）包含两个组件layout、style Builder，他们分别是SketchUp的2D处理工具盒手绘样式工具。使用范围广阔，可以应用在建筑、规划、园林、景观、室内以及工业设计等领域。

SketchUp主要用于三维建模（图12）。表面上极为简单，实际上却可以极其快速和方便地对三维创意进行创建、观察和修改，是专门为配合我们的设计过程而研发的。相比3D有更方便、利于思考推敲的优势，在日常设计过程中，从建筑的最初概念到3D模型将会变成一种更为流畅的工作模式。这个产品是一个智能化的产品，它避免了其他的一些3D软件要求用户输入非常多的命令和许多复杂的概念。SketchUp这个建模系统还有"基于实体"和"精确"的特性，它没有其他软件的复杂性。方便的推拉功能，使设计师通过一个图形

就可以方便的生成3D几何体，无需进行复杂的三维建模。可以快速生成任何位置的剖面，使设计者清楚的了解建筑的内部结构，可以随意生成二维剖面图并快速导入AutoCAD进行处理。

SketchUp的智能化和简洁性可以使用户更多的来注重设计，不必在操作上浪费太多的时间。与Auto CAD，Revit，3D Max，PIRANESI等软件结合使用，快速导入和导出DWG、DXF、JPG、3DS格式文件，实现方案构思，效果图与施工图绘制的完美结合。现在即使在最初的由SketchUp所作的草图概念阶段也可输入到智能虚拟建筑环境中，在那里很容易地增加细节，并且数据的交互性可使模型应用于一系列其他软件。同时Google公司还建立了庞大的3D模型库，集合了来自全球各个国家的模型资源，形成了一个很庞大的分享平台，不过遗憾的是，在搜索中尽量要使用英文单词输入关键字，才能快捷的找到自己需要的模型，这一点在国内还是给大家带来了很多不便。现在设计师们已经将SketchUp及其组件资源广泛应用于室内、室外、建筑等多领域中。

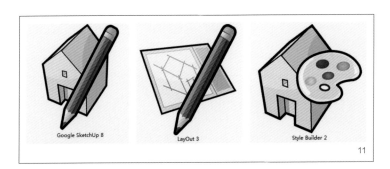

11

11 . Google SketchUp 8.0中的功能图标

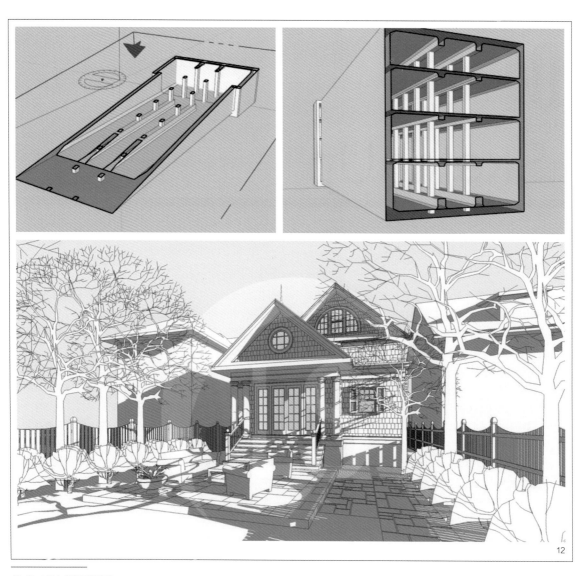

12 . SketchUp用于三维建模

05

Rhino与相关插件

Rhino，又叫犀牛（图13），是一款小巧而强大的三维建模工具，包含了所有的NURBS建模功能，是由美国Robert McNeel公司于1998年推出的一款以NURBS为主的三维建模软件。其开发人员基本上是原Alias（开发MAYA的A/W公司）的核心代码编制成员。当今，由于三维图形软件的异常丰富，想要在激烈的竞争中取得一席之地，必定要在某一方面有特殊的价值。自从Rhino推出以来，无数的3D专业制作人员及爱好者都被其强大的建模功能深深迷住并折服。Rhino不但用于CAD、CAM等工业设计，更可为各种卡通设计、场景制作及广告片头打造出优良的模型。并以其人性化的操作流程让设计人员爱不释手，是空间环境设计建模必须掌握的、具有特殊实用价值的高级建模软件。

Rhino拥有各行业丰富的专业插件：建筑插件EasySite、机械插件Alibre Design、珠宝首饰插件TechGems（其他有：Jewelerscad、RhinoGold 、Rhinojewel、Matrix 6 for Rhino、Smart3d StoneSetting）、鞋业插件RhinoShoe、船舶插件Orca3D、牙科插件DentalShaper for Rhino、摄影量测插件Rhinophoto、逆向工程插件RhinoResurf等。网格建模插件：T-Spline。渲染插件：Keyshot、Flamingo（火烈鸟）、Penguin（企鹅）、V-Ray 和Brazil（巴西）等（更多插件待更新）。动画插件：Bongo（羚羊）、RhinoAssembly等。参数及限制修改插件：RhinoDirect。

与空间环境设计相关的部分具体有：基础造型方法和技巧、T-Splines 建筑曲面（一种具有革命性的崭新建模技术）、PanelinTools 建筑表皮（Rhino 原厂为所有建筑设计师提供的镶板/嵌板制作工具形成形式各异的表皮与膜结构。）、EvoluteTools（用于自由曲面镶板创建与几何优化工具，主要应用于建筑表面与幕墙的设计与优化）、RhinoBIM（由

Virtual Build Technologies 在Rhino平台上为建筑行业开发的一套建筑结构设计、分析插件，可以让建筑设计相关行业在Rhino平台就能实现建筑信息模型）、VisualARQ（西班牙 AsuniCAD公司在Rhino上开发的一套建筑设计插件，可以透过其提供的模块化工具，快速的创建墙体、门、窗、楼梯、楼板、钢结构等建筑构件）等（图14）。

其中，Grasshopper是一款在Rhino环境下运行的采用程序算法生成模型的插件（图15）。目前主要应用在建筑设计领域——也是这两年中国大陆地区刚刚兴起——建筑表皮效果制作，复杂曲面造型建立。国内作品有中钢国际、银河SOHO等建筑设计。不同于Rhino Scrip，Grasshopper不需要太多的程序语言的知识就可以通过一些简单的流程方法达到设计师所想要的模型。通过简单改变起始模型或相关变量就能改变模型最终形态的效果（图16）。

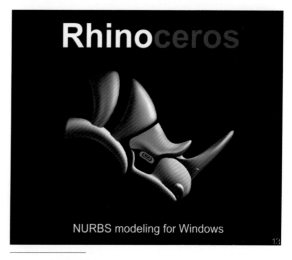

13 . Rhino（犀牛）软件的界面

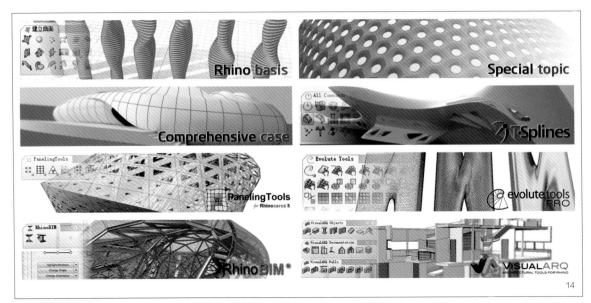

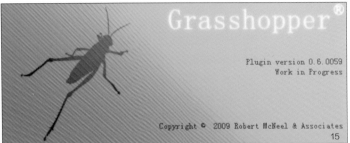

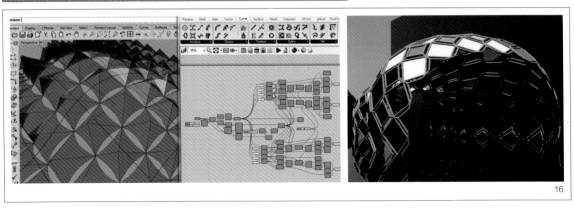

14 . Rhino拥有各行业丰富的专业插件

15 . Grasshopper是在Rhino环境下运行的采用程序算法生成模型的插件

16 . Grasshopper通过简单改变起始模型或相关变量就能改变模型最终形态的效果

06 虚拟现实及数字建构实现

数字化技术日新月异，使得三维电子模型在建筑表现方面的运用已经不再陌生。虚拟现实技术打破了专业化和非专业化之间的沟通障碍，是数字化的交流媒介，同时也为多学科、多专业信息的兼容带来了交叉合作。

在空间环境设计构造方面，虚拟现实无论是在设计概念分析阶段还是空间表达效果方面，数字化都表现出令人信服的能力。除此以外，虚拟电子模型所表现的并不仅仅是几何形状构成的视觉因素，还拓展到三维空间以外的光照条件、材料质感、声场音效、能源利用等方面。光影效果和材料质感极大地影响着空间的视觉冲击力，通过对光线阴影运动的模拟，可以观察到一天内光环境的变化；场地音效的模拟可以探索不同方位的声音效果，从而发现和解决设计中出现的声响问题，也可以依此来调节房间内部空间的尺度；通过对建筑物内部及其与其他建筑物之间的温度、湿度和气流变化状况的仿真，考量热传导和自然通风中能源效率的应用，从而指导建筑中开放空间及房间比例的设计。例如，国家体育场——"鸟巢"在设计中对热舒适度和风舒适度进行研究时，就采用了流体力学（CFD）模拟手段进行模拟分析（图17），对自然通风气流组织进行评价，并根据结果提出对现有设计是否调整或调整建议（如调整吊顶分块间隙宽度、通风口的数量位置等）。

作为设计与表现的媒介和工具，数字化虚拟技术不断激发人们的想象力，使复杂的建筑形式及建造成为现实，其结构形式及组织构件都依赖于计算机迅速而精准的运算能力。通过对一个参数化三维模型的大量信息的组织，能为设计师自动生成上千个详细计划以供选择。近些年我国在这方面的实例也有很多，如扎哈·哈迪德的广州歌剧院、库哈斯的央视办公大楼、安德鲁的国家大剧院、"鸟巢""水立方"等一系列

的建筑设计创作，都与数字化技术息息相关，才使得建筑师的奇思妙想得以真正的实现。建筑师在建筑设计的实践中，数字化的虚拟技术可以帮助建筑师将创作理念转化为物理现实，通过建筑模型表现设计结果，变"不可能"为可能；也可以成为建筑师建立设计概念的起点，在虚拟环境中生成概念，在模型推敲中进行创作与再创作。弗兰克·盖里是数字化建筑创作的典型代表，他设计的西班牙毕尔巴赫古根海姆博物馆就采用了这种技术，其全部设计建立在150万个电脑模型基础上，被视为是数字时代建筑的里程碑。非标准几何由非标准构件组成建立。在工厂，每一部分都需要为计算机辅助嵌套机器的部分关于原料、工具的选择、工具路径配置做编辑并生成机器代码。扎哈·哈迪德 Hungerburg Funicular 的双面弧形玻璃墙采用了2500个形状各异的配件（图18）。他们每个构件由被电脑控制的五轴路由器从聚乙烯板切出来。手动为路由器将几何翻译进数控程序将是建筑预算的沉重负担。因此，完成的机器编码直接从包含有助于分配构件的独特的部分ID的贴纸3D模型中产生。

如今计算机在设计过程模型阶段就提前介入，作为设计思维层面的应用被纳入整个设计过程，并通过深入了解制造技术、材料与细部连接方式的整合能引发更聪明、更精简与更合理的生产工艺流程，并在不增加预算的情况下得到最接近原设计意图的结果，逐步形成最后的建筑、景观、室内、环境艺术设计等空间环境设计构造作品。值得一提的是，数字化技术的发展为设计者和使用者的角色融合提供了可能性（图19）。新兴的虚拟网络社区在更好地表达设计者意图的同时，为公众参与设计发展出一种新的方式。它争取了最大范围的主动参与，将人文关怀、社会民主与公共立意赋予了更多的现实意义。

17

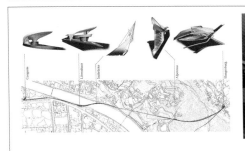

18

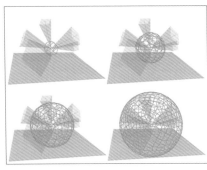
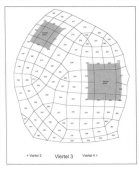
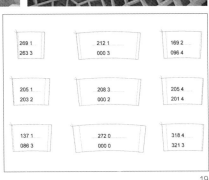

19

17 . 采用了流体力学（CFD）模拟手段进行模拟分析的"鸟巢"

18 . 扎哈·哈迪德设计的Hungerburg Funicular

19 . 数字化技术的发展为设计者和使用者的角色融合提供了可能性

CHAPTER 7

当代空间构造
发展趋势

当代空间环境设计的理念趋势是：用生态学的原理和方法将建筑室内外环境作为一个有机的、具有结构和功能的整体系统来看待，以人、建筑、自然和社会协调发展为目标，有节制地利用和改造自然，寻求适合人类生存和发展并符合生态观的建筑室内外空间环境。

以"体验"为需求的设计核心

当代空间环境设计的核心趋势是：交互性设计在环境设计中的参与度越来越高，主要体现在人与构成室内外环境空间的人工物之间形成的双向实时信息交流，它是当代计算机技术网络环境产生的沉浸式交互环境的结果。

以"研究"为导向的动态性设计

当代空间环境设计的教育趋势是：建立在系统性的科学与艺术设计学领域学科交融的联系框架下，从"机械时代"基于"物"的设计观念转化为"生命时代"基于"科学研究"的设计观念。生活方式、互动体验引发的物质与非物质设计的高度融合将成为环境设计的核心，环境设计的教学研究也将完成由当代科学观到环境设计观念、方法的转换。

01 以"环境"为核心的设计理念

著名的城市设计专家诺伯特·舒尔茨提出了"场所精神"（Genius Loci）的概念，"场所"这个词的英文直译是 Place，其含义在狭义上的解释是"基地"，也就是英文的 Site。其广义的解释可谓"土地"或"脉络"，也就是英文中的 Land 或 Context。作为以"环境"为核心的探讨，他在《场所精神——迈向建筑现象学》这本书中提出人类在古罗马时代便有"场所精神"这个说法。古罗马人认为，所有独立的本体，包括人与场所，都有其"守护神灵"陪伴其一生，同时也决定其特性和本质。因此，在某种意义上我们可以将"场所"认为是一个人的记忆对环境一种物体化和空间化表达，即城市学家所谓的"Sense of Place"，或可解释为"对一个地方的认同感和归属感"。诺伯特·舒尔茨强调"环境对人的影响，意味着建筑的目的超越了早期机能主义所给予的定义"对当代环境设计的兴起、发展、研究与实践都起到了极大的影响，才将当代环境艺术设计从建筑设计中分离出来，形成一个专门探讨人的基本需求在于体验其生活情境富有意义的专门学科，通过探讨对自然环境及人工环境两者的具体理解，从而将"环境"艺术设计作品的目的定位于"保存"并"传达"（图1）。所以，传统的"空间"和"特性"本身应当仅仅作为配合基本的精神上的功能而存在的，即空间和特性并不只是以纯粹的设计具体手法存在，而是应该直接落实到环境本身的理解层面上。

无论凯文·林奇的"城市意象"，亦或我国建筑学家梁思成提出的"建筑意"，其本质都是对环境艺术设计综合效果提出的高层次目标，即在满足日常物质功能的基础上，追求人居环境与相应的自然共生共融的意境。自然（Nature），最广义而言指的即是自然界、物理学宇宙、物质世界以及物质宇宙。英文的"Nature"来自拉丁文"Natura"，意即天地万物之道（The Course of Things，Natural Character）。自然作为哲学范畴，含有产生、生长、本来就是那样的意思。亚里士多德在《形而上学》第十二卷中认为，自然如此的事物，或自然而然的事物，其存在的根据、发展的动因必定是内在的。因此"自然"就意味着自身具有运动源泉的事物的本质，本性就是自然万物的动变渊源，自然界是一个自我运动（Self-moving）着的事物的世界。与大自然悠然共处，是中国古代"自然——空间——人类"三位一体系统的哲学体系终极追求目标（图2~ 图3）。不可分裂的宇宙、天地、人，所组成的是一种"因果"互存的整体，而这种整体所形成的"意境"，显然已经不仅仅只满足于"艺术的环境化"这一单一层面，把环境艺术设计作为一种以装饰为目的机械手段，而是更要追求"环境的艺术化"，即不但要有人为环境作为主体的"意境"，更要有达到人类"精神"与"家园"共生层次的"意境"。

中国古人对自然的理解，一开始就有一种自由的本真生命意识。"自然"的最初含义亦指非人为的本然状态。如《道德经·二十五章》："人法地，地法天，天法道，道法自然"，是事物"自然如此的""天然的""非人为的""自然而然"的状态。《辞海》中解释"自然"为：天然非人为的，也指自然界，但更强调其不造作，非勉强之意。三国魏王弼《老子道德经注·五章》："天地任自然，无为无造，万物自相治理。"自然对人类社会生活的影响是很大的，人总是生活在一定的时间和空间中，不可能脱离具体的自然环境和文化归

01. "环境"设计在空间中的表达（董治年 摄）

02. 明代 周臣《春山游骑图》

03. 中国古代"自然—空间—人类"三位一体系统的哲学体系
　　（董治年 摄）

原始巢居发展序列

04. 太极八卦图
05. 苏州园林体现自然万物的共生哲学原则（董治年 摄）
06. 中国传统巢居发展序列及干栏式建筑

属。值得注意的是，在近代才明确的"Nature"概念，主要指"存在者之整体，即自然物的总和或聚集"，在这个意义上，它恰恰与中国古代自然哲学将自然视为一个统一的有机体不谋而合。《周易》中用太极图和八卦所描绘的宇宙图像（图4），给人一种扑朔迷离、幽玄莫测的朦胧神秘之感，自然就在"一阴一阳"的变化中成倍、成对地裂变、演化，体现的却是一个以自然哲学观念为构架，数字的精确与思辨的模糊自洽，时间与空间四维交错有序的过程。八卦作为周易中一套有象征意义的符号系统，用八组符号代表着万物不同的性质，据《周易·说卦传》的解释："乾，健也；坤，顺也；震，动也；巽（xùn），入也；坎，陷也；离，丽也；艮（gèn），止也；兑（duì），悦也。"这八种性质又可以用"天、地、雷、风、水、火、山、泽"的特征来表示。即：乾代表天，坤代

表地，震代表雷，巽代表风，坎代表水，离代表火，艮代表山，兑代表泽。阴阳五行家那样将八卦分配于四方、四时，而形成一种空间和时间一体化的思维模式，并由此衍生出来的更为复杂的六十四卦体系，更是包含了象、数、理、占四大要素，综合形成了演化万千又不离其中的神秘主义的思想体系。这种时空一体化的思维图示，也成为中国古代环境营造实践中"法天象地"设计构思的理论依据，而这种对自然万物的共生哲学原则也成为我国古代成功应用天然材料到人工环境的基本精神之一（图5）。

人类对人居环境的改造，主要依赖于人们的物质生产活动。无论是旧石器时代的云南"元谋人"，还是到距今50万～20万年前北京周口店龙骨山一带居住的"北京人"，抑或1万8千年前已进入新石器时代的北京周口店"山顶洞人"，他

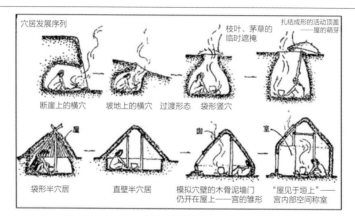

穴居发展序列

断崖上的横穴　坡地上的横穴　过渡形态　袋形竖穴

枝叶、茅草的临时遮掩

扎结成形的活动顶盖——屋的萌芽

袋形半穴居　直壁半穴居　模拟穴壁的木骨泥墙门仍开在屋上——宫的雏形　"屋见于垣上"——宫内部空间称室

穴居发展序列示意图

07

07 . 中国传统穴居发展序列及窑洞建筑

们都能在亚热带草原过渡到森林边缘的地理环境中，选择依山傍湖的地方生活与活动，这里水源丰富、湖沼众多，森林、草原交汇，果实充裕，各种动物来往频繁，具有采集和狩猎的优良环境。他们选择坚硬的岩石、打制粗糙的工具，从而产生了萌芽状态的感性地对自然环境的基本知识。直至六七千年前的"仰韶文化"，中国古人已经能以定居农业的形式出现在自然环境之中，利用中华大地处于亚洲东部，太平洋西岸，得天独厚、特点鲜明的地理环境，选择地形和利用土壤、气候资源来聚族而居，这在一定程度上反映了当时中国先民因势利导利用自然、与自然和谐相处的天地观和环境营造学思想。根据历史文献和考古资料记载，在营建居住环境的具体方法上，我们的祖先主要通过从空中到地面的"巢居"和从地下到地面的"穴居"两条构筑发展途径，最后创造了由基础、墙体、屋顶三大部分构成的地面完善建筑体系。南方潮湿、林木较多，选择巢居树上比较干燥，远离瘴气，也可免猛兽虫蛇的侵袭，故而学习飞禽筑巢之原理，构木为巢。至今在中国华南、西南、东南等地还大量保存的"干栏式"建筑结构上，还可以看出它们发展的脉络。干栏建筑作为广西中西部、云南东南部、贵州西南部等南方少数民族的主要

建筑风格，以竹木为主要建筑材料，分为上下两层，下层放养动物和堆放杂物，上层住人（图6）。这种结构适应了地势低洼、潮湿温热的地理环境，使建筑拥有良好的通风和防潮性能。根据北方多山洞的特点，学习利用自然山洞栖身聚居，从对天然形成的山洞稍事加工的简单借用，发展为挖掘土穴，从土穴上升为半穴居再由半穴居升到地面成为地上房屋的完备建筑体系。至今在北京周口店、山西垣曲、广东韶关、湖北长阳、广西柳江等地，还能见到公元前几万年、几十万年以前我们祖先居住过的山洞。而从原始社会后期开始，先民在我国黄河流域和适宜于开挖洞穴的黄土地带，创造性地利用高原有利的地形，凿洞而居。最终发展成为在建筑学上属于生土建筑，并广泛分布于中国陕甘宁地区，以靠崖式窑洞，下沉式窑洞、独立式窑洞等形式为主，并以简单易修、省材省料、坚固耐用、冬暖夏凉、人与自然和睦相处共生著称的窑洞建筑（图7）。

中国传统建筑环境设计思想——风水术，作为中国传统宇宙观、自然观、环境观、审美观的反映，在某种意义上具备了实用思想与文化因素的双重内涵。作为中国传统环境营造设计观的代表，风水术的方法与观点与当代新兴生态建筑

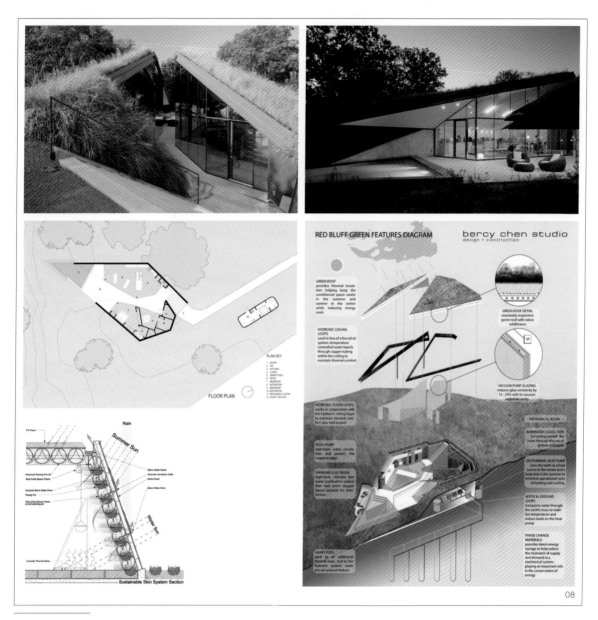

08 . 德克萨斯州, Edgeland住宅 / Bercy Chen 设计工作室

学（Acologies）概念有极多的相近之处。生态建筑学的创始人美国生态景观学者麦克哈格（Ian L.mcharg）在其著作《设计结合自然》（Design with nature）中认为，生态建筑学是立足在研究自然界生物与其环境共生关系的生态学（Ecology）思想与方法上的建筑规划设计理论与方法。从生态角度讲，建筑是生态系统中人的元素组群的外延。风水术理论对"人——建筑——自然"的关系的解析，其根本也就是提倡营建设计要顺应天道，以自然生态系统为本，来构建外在的人工生态系统。

当代可持续建筑的基本内涵可归纳为：减轻建筑对环境的负荷，即节约能源及资源；提供安全、健康、舒适性良好的生活空间；与自然环境亲和，做到人及建筑与环境的和谐共处、永续发展（图8）。中国传统聚落空间环境营建关系相互之间由"顺生"的本体意识到以风水观为指导的这种生态聚落模式，在宗法家族制度的护佑下，建构起聚落中的多层次的生活空间模型，使传统聚落空间的规划营建既满足当代人的需求，又不损害后代人的发展，这正是符合当代可持续发展所提出的概念和模式。

09 . 著名建筑师F·L·莱特设计的流水别墅

吴良镛先生在《北京宪章》中指出：我们所面临的多方面的挑战，实际上，是社会、政治、经济相互交织的结果。20世纪50、60年代随着西方发达资本主义国家高速经济增长而导致严重的生态破坏和环境污染给原本停留在各种形式哲学与设计语言纷争的建筑设计领域产生了新的建筑思潮的可能。20世纪60年代美籍意大利建筑师保罗索勒瑞在《建筑生态学：人类想象中的城市》一书中将建筑学与生态学正式结合起来，把生态学（Ecology）和建筑学（Architecture）两词合并为"Arology"，提出"生态建筑学"的新理念并进一步提出了"缩微化——复杂性——持续性"等规则。1969年美国著名风景建筑师麦克哈格所著的《设计结合自然》（Design with Nature）一书的出版，则正式标志了生态建筑学的诞生，并从此在建筑理论层面奠定了生态建筑学的基础。《设计结合自然》一书强调了人类对大自然的责任，以生态原理为基础的环境理论和规划设计方法将设计与生态相结合，提出了"如果要创造一个人性化的城市，而不是一个窒息人类灵性的城市，我们须同时选择城市和自然，不能缺一。两者虽然不同，但互相依赖，两者同时能提高人类生存的条件和意义"。

早在20世纪30年代美国建筑师富勒就已经提出"少费而多用"即将有限的物质资源进行最充分和最合适的设计和利用这一符合生态学的循环利用原则。作为对大自然演进的规律和运用在人类建筑设计认识中的再次深化，二十世纪建筑界的浪漫主义者和田园诗人著名建筑师F·L·莱特也提出了"有机建筑"（organic architecture）的概念，他认为每个建筑的形式、构成、关系都要依据各自的内在因素与整体

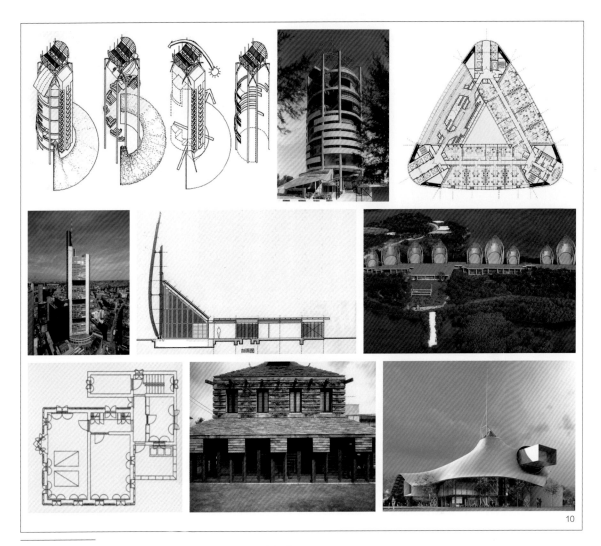

10 . 生态建筑将室内外环境作为一个有机的、具有结构和功能的整体系统来看待

系统观来思考，"道法自然"设计思想的本质就是要求依照自然界这一有机体所启示的演进规律行事，这在其作品流水别墅、西塔里埃森、古根海姆美术馆等建筑中都有明显的体现（图9）。有机建筑这种崇尚自然并且赋予生命的设计哲学，给环境艺术设计提供了将艺术设计与环境及自然本身结合的可能性，从而指明了环境艺术设计不应该仅仅是一个涂脂抹粉或一个把内外空间装饰并打造得更为漂亮的一个毫无生态追求及社会责任感的行业。从而将设计应该创造一个更好的人居环境及可持续的生活方式这一目标作为环境艺术设计的发展方向。生态建筑运动作为一种有利于人类健康和生态效益的温和建筑艺术，在设计实践中强调使用天然的建筑材料，利用自然通风、采光和取暖等生态技术手段。具体的案例有杨经文设计的马来西亚米那亚大厦，诺曼·福斯特设计的德

意志商业银行总部大楼，皮亚诺设计的吉巴欧文化中心，藤森设计的蒲公英之家，坂茂采用纸建筑的2000年德国汉诺威万国博览会日本馆，英国BRE的环境楼（Environmental Building）等，都为生态建筑提供了一个绿色建筑样板（图10）。周浩明教授认为：生态建筑学是立足于生态半思想和原理上的建筑规划设计理论和方法。概括地说，是用生态学的原理和方法，将建筑室内外环境作为一个有机的、具有结构和功能的整体系统来看待，以人、建筑、自然和社会协调发展为目标，有节制地利用和改造自然，寻求适合人类生存和发展的符合生态观的建筑室内外环境。

对于中国的建筑环境艺术设计而言，可持续的概念虽然很新，但其实质体现的却是中国从古至今几千年"自然——空间——人类"三位一体系统的哲学体系体现出的"人、构筑

11. 建筑师王澍设计的中国美术学院象山
　　校园一、二期工程设计就体现出技术
　　与人文结合的可持续设计在中国的实
　　践案例待

物、环境"相结合的环境创造活动。可持续设计不但具有科学性还兼具人文性，2012年普利兹克建筑奖中国建筑师王澍设计的中国美术学院象山校园一、二期工程设计就是体现出技术与人文结合的可持续设计在中国的实践案例。校园设计充分运用了中国传统建筑环境设计观念，强调自然通风、遮阳、旧建筑材料的再生利用、自然生态的乡土植物、构造上的雨水收集系统等技术方法，形态上其运动曲线和丘陵的起伏相呼应，回廊和走廊像蛇一样穿梭在建筑的内与外，好像是加强了建筑的呼吸。随着全球性可持续发展战略的确立，这种新的生态价值观体现出的整体性正是21世纪作为人类生命的新纪元下的可持续设计新形式（图11）。

02

以"体验"为需求的
设计核心

视觉媒体是人类最重要的用来沟通与传递信息的形式之一。当代媒介传播学家麦克卢汉在20世纪60年代出版了《理解媒介》一书，书中以全新的视角阐述了媒介即是讯息的概念，他认为任何媒介都是人体的延伸，媒介决定文化特质与传播——感知模式。尤其随着科学技术中数字化与信息化的日新月异，信息领域由模拟信息向数字化信息过渡带来的世界范围内空间距离的缩短，使得其"人类世界将会成为地球村"的这一观点，影响着人们对新科技引发的媒介下生活方式的变革。在艺术设计领域也带来了学科交叉影响下的基于信息社会下数字化、非物质化、虚拟为显著特征，以计算机图形图像技术为代表的新的视觉传播，即文化为艺术设计学科在新时代的发展带来了"基于提供服务和非物质产品的社会"的全新语境。

数字影像在今天已无可阻挡地进入我们的日常生活，它的介入改变了原先传统的设计方式，使视觉媒体传播化的多门设计艺术学科呈现出非物质化趋势，将理性思维的科学技术和艺术感觉融合为一种全新的全球化背景下艺术设计的新语言。作为视觉艺术的一种，"视觉传达设计"是指通过运用视觉符号语言所进行的以信息传递与沟通为目的的设计。但在数字时代到来后，赛博空间的出现拓宽了原有"视觉传达设计"作为传统单一"平面设计"为替代名词的既有概念，转而将数字影像化广泛运用于电影、电视、录像、摄影、互联网、广告等全新传播媒介，改变着人们观察日常事物的方式、获取知识的手段，以及人们的思维与观念。因而，当数字影像技术也渗入艺术设计创作领域后，就形成了与以往传统艺术创作手段完全不同的媒介方式，从而使以数字影像技术为主要特征的新媒体艺术已然成为活跃于当今国际艺术与设计领域的的生力军。作为艺术设计学科中的一员，当代环境艺术设计在数字影像作为左右着社会的视觉语言的大背景下，随着数字技术的发展、电脑的普及、网络的扩展与"数字时代"的到来，也呈现出的环境艺术设计创作语言和表现手法的巨大拓展可能性（图12）。

图像（image）作为对客观对象的一种相似性的描述或写真，是对客观对象的一种表示，它包含了被描述或写真对象的信息，是人们最主要的信息源。我们生活在都市中早就被光怪陆离的媒体形象诸如：电视屏幕、公交车体广告、商店橱窗、广告灯箱等触目的形象所包围，媒介作为形象，本身在当代生活与当代文化中成为环境艺术设计所不可回避的设计载体。建筑设计理论界所说的盖里的"毕尔巴鄂"效应就是将当代建筑作为媒介特征的最好例证，作为建筑以其形态奇观在当时当地所引起的广告效应，建筑成为了一种信息主体。由于数字媒体技术的不断进步，结合数字影像技术的环境视觉传达也使得环境艺术设计创作拥有了越来越大的实践场所和想象空间，许多设计构思甚至是在以往工业社会中设计的领域所无法企及的。通过巧妙地组合各种媒体组件，传媒要素的应用可以成为创造新的空间形式的一个手段，使其成为与建筑、环境、室内空间相辅相成、相得益彰的数字媒体信息传播媒介，同时也为环境设计提供了更多形式与意义上的设计可能性。例如，在法国著名建筑师让·努维尔设计的阿格巴大厦把建筑的附着信息作为表达建筑形象的一个重要元素，使得建筑形式别具特色，通过附着信息使其各自明确标识。在其设计的另一作品西班牙巴塞罗那阿格巴大厦（图

12

13

12.视觉媒体在环境中的应用（董治年 摄）

13.让·努维尔设计的西班牙巴塞罗那阿格
   巴大厦

14

15

14 . 伊东丰雄的的作品"风之卵"（Egg of Winds, Okawabata City 21, 1991）

15 . 北京世贸天阶环境设计、重庆解放碑商业街某建筑立面与北京三里屯village商业街环境设计

当 代 空 间 构 造 的 发 展 趋 势　　**145**

13）中透过透明或经印刷处理的玻璃引入外部光线，并将内部强烈的彩色信息送出，这功能就如同电脑或视听荧光屏一样，除了标示性的功能之外还具有像巨大液晶显示屏一样的数字影像作为表皮显现的媒介意象，并将其诗意化的功能表现得淋漓尽致。

随着信息技术的发展，激光技术和全息影像技术开始在建筑的传媒手段中逐渐应用，这使得传媒手段对建筑形式的影响有了更多的可能性。这种反映媒体时代特征，而对建筑表皮媒体化的极力倡导，主要体现在积极探索运用新的信息技术把建筑表皮转化成一种信息的屏幕作用的装饰性的外表包装。伊东丰雄的的作品"风之卵"（Egg of Winds，Okawabata City 21，1991）（图14）中则更进一步地将由包被于其外表之曲面铝板与五座内藏之液晶投影装置所组成拟像的卵体结构，于其外表之曲面屏幕不断地反射即时的都市环境映像，等待入夜之后卵体外表又变成为电子影像的电显示屏幕，放映着错综复杂、相互迭合的未来映像。设计师通过最新的信息技术把建筑的媒介功能充分地表达出来，使得建筑传播信息成了构成当代环境空间设计的首要功能。电子影像的传播机制不仅网络化了整个都市的架构及连通系统，同时也通过例如高层建筑的顶部信息、商业建筑的橱窗、公共建筑的信息窗口等建筑表皮，通过数字影像体现出的色彩、肌理、字体、形象、布局等对环境艺术设计产生了积极的影响并从而促进创造出全新的视觉效果与设计构思。

在中国本土的环境设计实践中，也越来越体现出各种体现附着信息的建筑、环境、室内空间形式倾向（图15）。但值得注意的是，尽管设计师试图使形象负载较多的含义，但商业文化下倡导的视觉文化往往正在以一种推销式的低水平审美趣味，向城市空间提供着过于猛烈的视觉刺激，而缺乏了境外设计师在表皮意义上的严肃性和社会责任感。这种环境设

计中体现出的通过将各种沟通媒体如文字、图像、声音、影像等动态影像艺术传媒作为设计表皮的方式和各种手段对受众视觉快感进行的超常刺激，在拓展环境艺术设计本身设计形式与语言的基础上，同时将会成为中国当代环境艺术设计中如何面对"数字媒体传播时代"信息过剩与信息恐慌的新课题，并对反思数字文化传播与赛博空间具有重要的理论启迪意义。

当代以万维网为标志的数字革命为全球共存互联的关系提供了可能性，万维网作为一种最主要的虚拟交互的聚合，这种虚拟性从技术到产品之间发生的重大的变化，使人类身份的开放性和赛博空间的虚拟现实特质，共同成为人与人、人与机器的多媒体多元互动的图像空间，并极大程度地引发了我们对交流信息为主体的数字化参与的空间关系的思考。尼葛洛庞帝在《数字化生存》中向我们展示出这一变化，使得我们回顾当今每一天的生活中与我们发生交互的产品例如：电脑、网站、软件、手机、数码相机、随身听、数字银行等这些数字化时代下产生的新物种给我们周围环境带来的的巨大影响。

交互性是人类在缺乏媒介的情况下更多的进行面对面的交流而产生的最初概念，其后发展为建筑、美术、戏剧等文化形态交互性来实现设计、艺术与观众之间的直接交流的一种方式，在当代艺术设计学科的新发展态势下，其本质也是环境艺术设计中人与环境关系的一种交流体验。交互设计（Interaction Design）作为一门关注交互体验的新学科在20世纪80年代产生，又称互动设计，是定义、设计人造系统的行为的设计领域。人造物，即人工制成物品，例如，软件、移动设备、人造环境、服务、可佩带装置以及系统的组织结构。交互设计在于定义人造物的行为方式（the"interaction"，即人工制品在特定场景下的反应方式）相关的界面。进入二十一世纪，交互设计专业在中国设计院校的正式出现并迅

16

16.信息化背景下的环境艺术设计（董治年 摄）

17．英国建筑师托马斯·希斯维克设计的2010上海世博会英国国家馆室内　　18．2010上海世博会阿联酋国家馆室内

速发展，标志着一种从用户体验作为研究的切入点，以关注人与产品、环境关系之间互动并直接影响人们的全新生活方式的新设计理念的出现。信息技术的革命将把受制于键盘和显示器的计算机解放出来，使原本单调乏味、机械化、程序化的人机交流转变成为使用者能够与之交谈的互动方式。而互联网、智能手机、掌上电脑等新兴媒体，使信息传播者和受众之间产生了互动更广泛、快捷、深入的沟通与交流。

作为环境艺术设计对形成世界的三种空间的探索，即物理空间、心理空间和虚拟空间理论为基础的设计探索，工业革命之前我们主要通过对实体环境空间的设计与架构，形成了环境设计对第一种世界即物理和地理空间的探索；工业革命以后的现代设计则主要通过对技术对空间尺度的解放来探讨第二阶段，即对人类为主体性的环境设计的内心理空间的探索；第三个阶段的主旨则是在信息革命时期，人类突破物理的空间观引发的对虚拟现实的赛博空间的探索。信息化为背景下的环境艺术设计中对许多对空间在既有赛博空间观念下

以交互式的交流方法的参与进行探讨，使得空间体验与参与者能够通过例如博物馆内的交互屏幕浏览罗浮宫的稀世名画；可以在服装专卖店通过虚拟影像镜像系统轻松穿戴各种商品对象；甚至能够在原本作为环境艺术设计室内空间结构界面的顶面及墙面上，应用新媒体影像的互动方式，开启作为居住空间、办公空间、商业娱乐空间中人机交互的动态界面（图16）。这些发展将变革我们的学习方式、工作方式、娱乐方式等在欧几里得几何空间中的线性生活方式。

交互性设计在环境设计中的参与主要体现在人与构成室内外环境空间的人工物之间双向实时的信息交流，它是当代计算机技术下程序运行与网络环境下产生的基于可计算信息的沉浸式交互环境的结果，具体地说，环境艺术设计中的交互性参与就是就是采用以计算机技术模拟的视觉、听觉、触觉一体化的特定范围的环境与体验者之间进行交互作用、相互影响，从而产生不同于物质化环境艺术设计中空间提供真实环境的感受和体验，而呈现出一种非物质化的空间感受。例

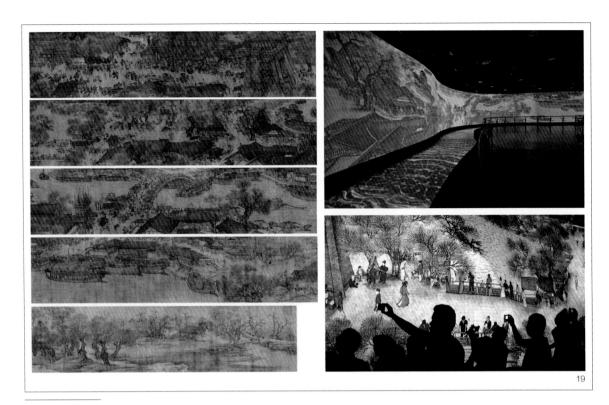

19 . 上海世博会的中国国家馆的《清明上河图》

如 2010 年上海世博会建筑师托马斯 · 希斯维克（Thomas Heatherwick）设计的英国馆内部室内空间，整个建筑装有 60000 条向各个方向伸展的丙烯酸"头发"，每根"头发"的顶端都有一个细小的光源，在内部空间中所有的"头发"都在轻微摇动，儿童在成人的带领下可以近距离地像生命有机体一样地去抚摸、接触这些触点，而这些触点也会因为人的交互参与而产生形成表面不断变幻的光泽和色彩（图17）。这种全新的环境空间体验是以往传统概念下的室内环境设计所无法企及的。在里一个实例，同为 2010 上海世博会阿联酋馆的内部环境设计中，参观者看到的并不是如同建筑形体一样的沙丘为主题的流线型形体，而是郁郁葱葱的绿色树林和流水叮咚的潺潺溪流，周围是盛开的魅力花境，鱼儿在水底自由潜游……当然，这一切，都是数码影像营建出的虚拟环境。人在其中的参与随着布满空间的以液晶显示屏为表皮的立方体盒子上不断显现的动态画面与背景音乐结合在一起，营造出一个以"生态绿洲"建设为主题的展示空间，并将人类如何与环境并存、与恶劣的自然环境竞争的可持续发展主题用人与环境再现的互动烘托得淋漓尽致（见图18）。

中国古典绘画中《清明上河图》为代表的长卷式绘画，正是早期在农耕文明科技不发达时期，对现实生活的一种描摹，

并最终使观看者有一种沉浸式的原始虚拟现实体验。《清明上河图》采用散点透视的构图法，在总计五米多长的画卷里，将繁杂的景物纳入统一而富于变化的图画中。图中通过二维绘画形式模拟出城市环境空间，例如：城廓、市桥、屋庐、草树、马牛、驴驼、居者、行者、舟车等，形态俱备，内容极为丰富，生动地记录了中国十二世纪城市生活的面貌。然而，作为一幅静默的在二维空间里显现的平面图画，作为在信息时代计算机虚拟现实技术出现的背景下，其信息传达的局限性也是显而易见的。因此，在 2010 年上海世博会的中国国家馆的展示空间中，设计师就运用数字化虚拟现实的技术将《清明上河图》所描绘的北宋汴梁城的场景投影到 100 多米电子屏幕长卷上，并通过多媒体手法，使《清明上河图》中的 500 多个人物都动起来，让观众通过白天和晚上的不同场景，领略到一个活的北宋汴梁生活场景。通过加入视觉、听觉、触觉等感官的模拟技术，让参观者在虚拟空间中穿梭航行，从而体验到超现实的赛博空间带来的身临其境的仿真感觉（图19）。

虚拟现实技术表现出的沉浸性（Immersion）、想象性（Imagination）、交互性（Interactivity）等特征对环境艺术设计的当代理论与实践具有相当大的启示意义。当代设计已经步入数字化时代，电子技术和数字化媒体的兴起与普及带

来的数字化技术的进步正在越来越影响着构成环境及其相关联设计的研究与发展，并推动了环境艺术设计从研究方法、手段到表现形式等各方面的革新。虚拟现实作为建立在计算机图形学、人机接口技术、传感技术和人工智能等学科基础上的一门综合性极强的高新信息技术，在设计、艺术、娱乐等多个领域都得到了广泛的应用，而作为中国环境艺术设计发展历程中虚拟现实从手绘表现到计算机辅助设计再到虚拟现实的三部阶梯式跨越，从本质来说，也一直都是与数字化社会影响下的设计内涵发展相同步的。三维计算机模型在建筑、环境、室内设计表现方面的运用已经让中国的设计师不再陌生，这种以"想象性"为特征的虚拟现实会输入方式，随处可见的电脑渲染表现图和多媒体动画形式早已在让人领略到数字化表现媒介的魅力同时，成为设计研究与设计实践中不可缺少的一个思维表达方式与推敲过程。这就使得环境空间设计将从概念分析开始，到空间表达，直至最终的数字化虚拟表现（电脑渲染图及多媒体动画虚拟现实）都将设计师与计算机虚拟现实技术紧紧地捆绑在一起。而虚拟现实模型所表现的早已不仅仅是九十年代初期那种从外观几何形状构成的视觉因素，更拓展到更为复杂的动态三维空间模拟出的，例如光照条件、材料质感、声场音效、能源利用等方面。从 3D Max 到 REVIT 在环境设计中的运用实例，我们可以清晰地看到环境设计从单纯形态美化的视觉审美化追求到探求设计本质的可持续设计技术与观念的演变过程。例如：通过对光线阴影运动的模拟，可以观察到一天内光环境的变化；场地音效的模拟可以探索不同方位的声音效果，从而发现和解决设计中出现的声响问题，也可以依此来调节房间内部空间的尺度；通过对建筑物内部及与其他建筑物之间的温度、湿度和气流变化状况的仿真，考量热传导和自然通风中能源效率的应用，从而指导设计中开放空间及房间比例的设计。这一系列更深层面的利用计算机虚拟现实仿真技术作为探讨设计科学性与技术性结合的手段，将从文艺复兴以来设

计师一直使用二维工程图来表示和记录他们的设计并用实体模型来推敲他们的项目的设计流程与工作方法成为历史。虚拟现实技术打破了专业化和非专业化之间的沟通障碍，将可视化的数字化视觉界面称为人机交流媒介，同时也为环境设计能从多学科、多专业交叉学习与相互信息的兼容带来了合作的可能性。沉浸性与交互性使用户通过计算机对复杂数据进行可视化、操作以及实时交互的环境，从而感觉到好像完全置身于虚拟世界之中一样，这对环境艺术设计中的用户参与过程的缺失，提供了很好的探索途径。与传统设计过程中的人机界面，如键盘、鼠标、图形窗口等用户界面相比，沉浸性与交互性虚拟现实来源于对虚拟世界的多元感知，这包括使用者能够通过视觉感知、听觉感知、触觉感知、嗅觉感知、身体感知等现实客观世界中本身具有的感知功能，数字化的虚拟设计空间进行自然的交互就像实像参与到真实的设计完成的环境空间中一样，去感知和观察个人对环境设计空间的形态、色彩、光影、体积、声音等从而反馈给环境设计者以直观的体验感觉，以达到对设计方案的修改真实有效。在沉浸式虚拟现实仿真家具屋室内设计系统这个案例中，我们可以看到，直接将用户投入到虚拟的经过设计师设计完成的三维室内设计空间中去，在这个虚拟的世界里，用户带上立体眼镜能够自由的运动，与交互的环境融为一体，完全融入了立体虚拟仿真房屋内。他们可以摸到桌子、椅子、窗户、餐桌、沙发，并可以及时、没有限制地观察三度空间内的事物。这种在大型环幕投影系统里或虚拟现实的 CAVE 投影系统里看虚拟仿真室内生活让用户与虚拟环境进行互动并完全沉浸在一个非真实的世界里。这个先进的立体虚拟仿真系统下能实现全环境立体场景，将对环境设计的服务提供者及例如百安、宜家等家居空间供应商提供全新的用户体验。这无论在技术上还是思想上对中国环境艺术设计学科的发展都是具有真正意义上质的飞跃。

03
以"研究"为导向的
动态性设计

如果我们用系统论的观点来分析，环境艺术设计是艺术设计大系统中的一个子系统。因此，它是一门既边缘又综合的学科，涉及的学科范围主要有：建筑学、城市设计、景观设计学、城市规划、人类工程学、环境行为学、环境心理学、设计美学、环境美学、社会学、文化学、民族学、史学、考古学、宗教学等方面。从20世纪50年代我国在高等院校设立第一个室内设计专业，到90年代正式更名为环境艺术专业的高速发展，当代中国环境艺术设计的实践及教学，都是在改革开放的大环境下进行并伴随着经济体制的改革而不断的演变、进步、发展。然而，值得我们关注的是：中国的环境艺术设计所面临的状况是复杂而混沌的，要用短短二十年的时间，赶上西方走了上百年的历程，这本身就是一种必须自我才能体味的痛苦和艰难抉择。"创意"作为一个环境艺术设计学科中涉及的概念，正是在这一特殊的历史环境下被戏剧性地提出的。

在网络资讯如此发达而且廉价的现代社会，我们似乎还是应当更为审慎地对待一个日常的名词。创意，中文亦作"刱（chuàng）意"，谓创立新意。汉代王充《论衡·超奇》中写道"孔子得史记以作《春秋》，及其立义创意，褒贬赏诛，不復因史记者，眇思自出於胸中也。"英语中对创意的基本解释为："create new meanings"，即创出新意，也指所创出的新意或意境。随着时代的发展，尤其从工业社会进入信息化社会以后，学者们对创意的认识和所作的定义也各不相同，美国心理学家罗伯特·J·斯腾伯格认为，创意是生产作品的能力，这些作品既新颖（也就是具有原创性，是不可预期的），又恰当（也就是符合用途，适合目标所给予的限制）。台湾著名

导演赖声川先生说："创意是看到新的可能，再将这些可能性组合成作品的过程。"这些定义都说明了创意至少包含两个主要的层面：构想层面与执行层面。"创意"一词作为概念用于环境艺术设计，正是必须建立在这两种面向的基础上。环境艺术设计是一门实用艺术，它不应也不可能是一种作为纯粹欣赏的艺术，经过构想以后创造执行的，应当是为人类生活创造的艺术化的生存环境空间。当代中国环境艺术设计中"创意"的误区主要体现在从1990年代末期至今，中国建筑城市面貌正被注入新的形象和新的语言开始的。进入新世纪，国际建筑大师们的这些超大型公共建筑方案的出台，两三年内，连续坐落下世界上最有野心的建筑大师集毕生智慧和精力的"创意"作品，中国提供的无非就是一块富有想象力的土地。里程碑式的建筑和有着巨大争议的超大型公共建筑开始出现，中国已经成为世界设计师"创意"的舞台和竞技场，一个名副其实的建筑实验场。建设的规模、建设的时机、地产业的竞争状况，都迅速把中国环境艺术设计师推到大众面前，对轰轰烈烈的"创意作品"起到了推波助澜的作用。这种对"创意"的肤浅理解与肆意扭曲，助长了一种设计市场上的机会主义，即采取一种投合决策者之所好的虚伪的创作态度，诸如玩弄时髦，设置唯美的陷阱（图20~图21）。

设计在当今所处的时代背景是富有挑战与尴尬并存的状态。可以说在全球化的浪潮下，我们面临的完全是一个全新的时代，同时也是一个消解地域、消解专业化领域、消解本本主义后即将或正在产生剧变的时代。一切以"后"为标榜的文化转型与文化批评——从工业社会到后工业社会，从结构主

20 . TV WORLD, 德国汉堡

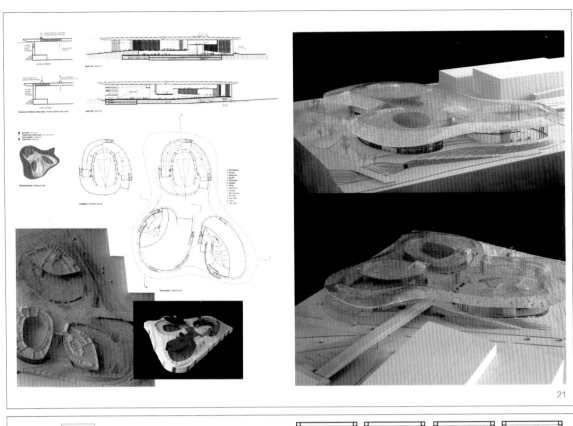

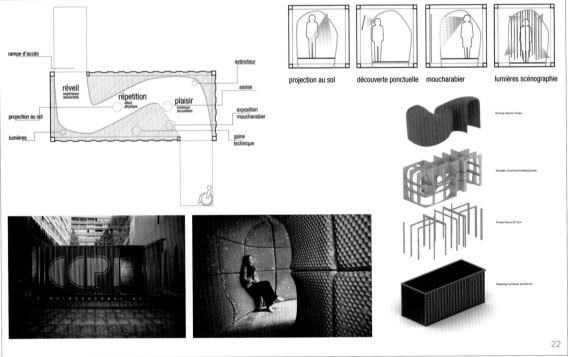

21 . BMW EVENT AND NELIVERY CENTRE, 德国慕尼黑

22 . 法国CCPP毒品感知空间

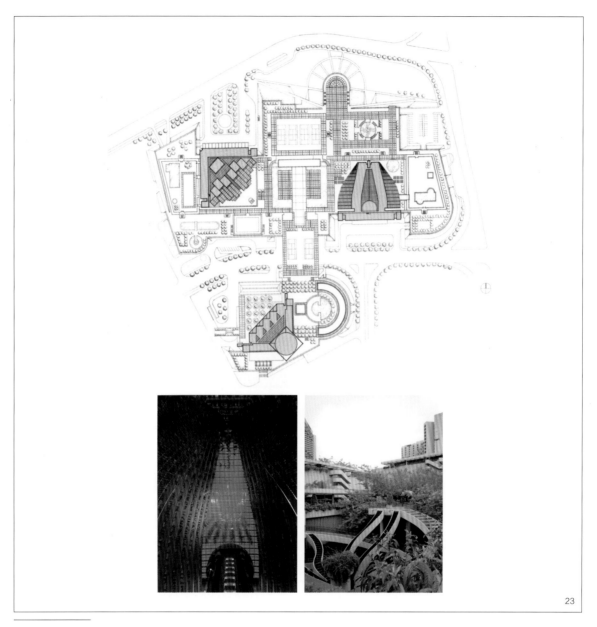

23 . Marina 广场

义到后结构主义，从现代思潮到后现代思潮，从机器时代到
后机器时代，从物质社会到后（非）物质社会等，无非都是想
说明一个问题：即当今的世界从科学到技术，从社会到观念，
从建筑到城市，形成的远远不是以往那种线性的一维视域，
而是不断在推动中区域自我完善的网状发展结构（图22）。
传统意义上的"设计"概念被认为是把一种计划、规划、设
想通过视觉的形式传达出来的活动过程。纵观人类历史，人
类通过劳动改造世界，创造文明，其最基础、最主要的创造
活动就是造物。所以从这一点而言，在早期的中国设计教育

中，很大程度把设计与工艺美术曾经做过或尝试作为合并或
混淆。即设计是对造物活动进行预先的计划，可以把任何造
物活动的计划技术和计划过程理解为设计，这是一种典型的
基于"物"的设计观念。然而，我们正处于全球化带来如此复
杂的变化之中，其本质是每一次产业革命带来的升级对"设
计"这个概念的重新定义及其所涵盖范围乃至研究方法的一
次反思或批判（图23）。从设计历史而言，古典主义到现代主
义，再到后现代主义的兴起，无不是以革命性的先锋批判作
为转折点的。

24.参数化设计

20世纪50年代以来计算机技术飞速发展,特别是现代通讯技术的迅猛发展,为人类创造了一个全新的时空概念(图23)。时空尺度彻底颠覆了工业社会时代设计哲学思想下指导的设计范围、设计内容、设计意义,设计已经或正在成为影响人类社会及其城市发展的主要因素。而现代主义的简洁、纯净、纪念式的美学风格,以及那些为超大规模的建筑需求而准备的英雄式的现代主义手法,面临的却是欣赏趣味和现实需求已经发生变化的大众。我们这个时代设计所面临的正是这样一个复杂、多元化、全球化、领域交融、在新的体系下探索共生并将在设计的各个方面产生新范式的时代。作为一种趋势,基于"研究"的设计正是让我们在探讨对传统物质设计为对象的基础上,去探究设计价值观层面更为深入的内涵,而这种设计的成果不是静态的,而很可能是一种动态的状态。这种趋势可以追溯到上世纪末本世纪初,画家和建筑师或音乐家们如毕加索、布拉克、塞尚、勋伯格等,都被一种共同观念驱使,即寻求本质,寻求艺术的根基。作为建筑大师的柯布西耶也从对理性的"功能"和"直角"的迷恋转到了设计精神的空间形式潜意识研究,从而在朗香教堂空间塑造中我们感到"塑造"和"雕塑"的材质和体量带来的神秘主义。

作为一种对传统经验性教学模式的反思,当代中国环境艺术设计教学作为研究需要有一种再思考的过程。"师徒制"是我们在大学体制中的环境艺术设计教育从创始至今一直仍然坚持的。其中一个根本的原因是关于如何做设计的知识和方法似乎只可意会,不可言传。作为一门特殊的以最佳学习途径唯有观察和模仿有经验的设计师做设计的方法,靠自己的悟性来体会的学科,这种经验性、随意性和不确定性的教育方法教育并影响了几代人。教师在设计辅导时说什么、画什么,完全受当时面对的具体问题以及师生互动的影响。即使是同一个教学小组内,各个学生得到的信息也会有很大的差别。随着"创意"概念的滥觞,设计知识往往是通过肤浅表面的过度强调形式化的设计课,无计划地、碰运气地、偶然地教给学生。"经验性的设计教学只需要大师,不需要方法",这种论调在当代开设环境艺术设计学科的院校内比比皆是,其中受影响最大的是学生。当我们看到一个个学习环境艺术设计专业的学生捧着一堆由媒体精心包装过的宣扬"创意"自由的时尚设计杂志乐此不疲,而同时大量阐述环境艺术设计理论的系统的书籍却在图书馆落满灰尘的时候,我们就不得不悲观地认为:一个没有研究传统和理论依据的学科是无论如何也发展壮大不了的。作为与我们相邻的建筑设计专业,同济大学冯纪忠教授在20世纪60年代就显然看到了经验式设计教学的局限性,他指出"我们在找,在摸设计课程规律,但一般都通过设计过程来研究,这是一门极其特殊的科学。从个别中抽象出一般,如何掌握一般规律是主要任务,

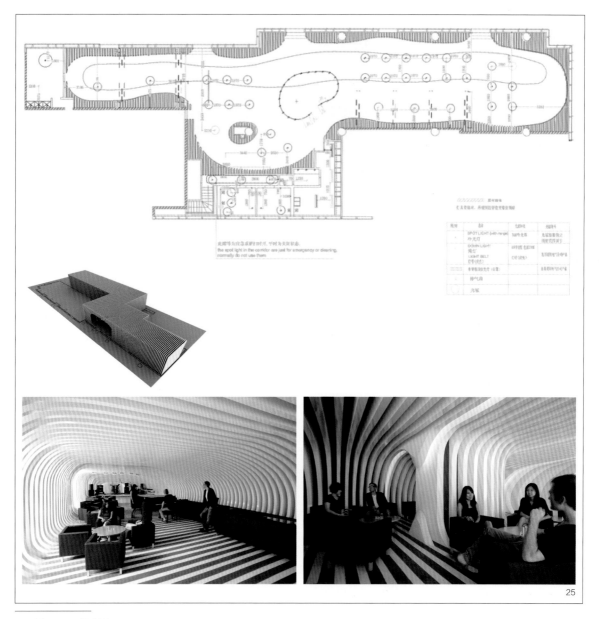

25 . 上海ZEBAR生活酒吧

光靠学生'悟'是不够的，教师要研究一般规律，……"他把建筑空间的组织作为设计的一般规律来研究，"设计是一个组织空间的问题，应有一定的层次、步骤、思考方法，同时也要考虑，综合运用各方面的知识。"他还清楚意识到关于空间的研究有认识论的问题，也有方法论的问题。改革开放以来，特别是最近的十多年，设计教学研究在环境艺术设计的学术活动中愈来愈占有重要的地位。不仅有专门的学术会议和专业期刊可以发表教学研究的成果，而且大学也有各种教学的评估和奖励。但是，我们在对"创意"概念本身缺乏清晰

认识和对"创意"实践的盲目冒进的现状下，对环境艺术设计教学研究本身的认识还是很不充分的，特别是对设计教学研究作为环境艺术设计学科研究的一个重要手段缺乏基本的认识(图26)。

当代设计理论关注的焦点正从20世纪80~90年代对哲学理论的借鉴进入到新世纪关注点所集中的科学领域，一方面新的科学理论正逐步为设计界所借鉴，另一方面全新的科学思维方式与方法也正在通过交叉领域的研究渗透到设计的各个门类以及设计的全过程中去。过去的十几年中，由于全球

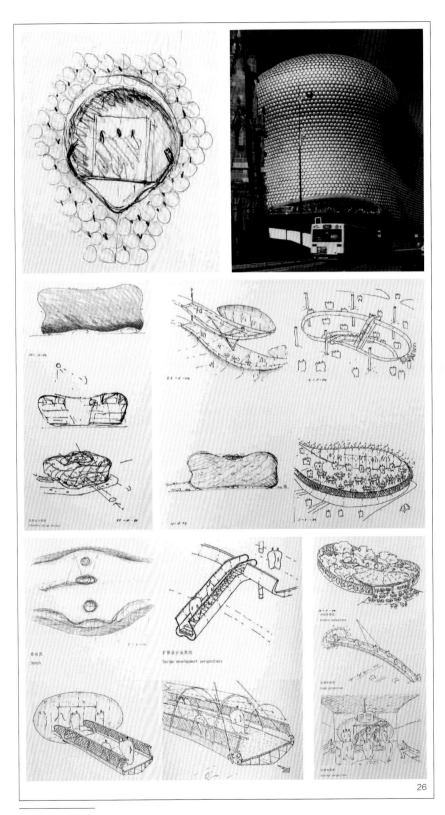

26

26．未来组织的研究型设计（英国伯明翰赛弗里奇百货公司）

27

27. 法国, 戛纳, 泡泡宫

化、数字传媒、非线性科学的影响,设计从研究的内容到研究的方法在很大程度上都发生了决定性的变化,在科学、技术、个人与公共生活的许多领域,复杂性设计已经成为一个日益受到认真关注的问题。

兴起于20世纪80年代的复杂性科学（complexity sciences）,是系统科学发展的新阶段,也是当代科学发展的前沿领域之一。复杂性科学的发展,不仅引发了自然科学界的变革,而且也日益渗透到哲学、人文社会科学领域。复杂性科学作为一种在研究方法论上的突破和创新,其首先是一场方法论或者思维方式的变革。任何系统或过程,即任何完全由相互作用的部分构成的构造,在某种程度上都是复杂的,比如: 自然客体（植物或河流系统）、物理的人工制品（手表或帆船）、精神生产过程（语言或传授）、知识的形态等,所以复杂性科学首先和最重要的研究问题是关乎系统组成要素的数量和种类多样性的问题,以及相互关联的组织机构和运作结构的精巧性问题。就设计而言,自20世纪60年代以来,以混沌理论、耗散结构理论、涌现理论、突变论、协同论、超循环论等为代表的复杂性科学理论突破了以往传统科学范式对人们的逻辑束缚。作为一门发轫于1750年工业文明催生的现代设计,其正是与机器化大生产相适应后制作与设计的分工,才最终蜕茧化蝶的一门独立的学科,设计已经越来越不能满足于"赋予形式以简单意义"这个早期定位了。复杂性科学揭示了自然界和人类社会的产生、发展和运作的非线性特征,同时动摇了人们通常看待事物时以往那种传统、机械、线性、决定论的思维方式,设计师已经不能仅仅作为产业生产的"绘图板"或者"装饰艺术家"的角色而存在于这个混沌和有序深度结合、非线性与线性逻辑系统混合组成的复杂性综合体世界（图27~图28）。

受复杂性科学的影响,作为每次设计思潮的先锋——建筑学领域,也较早出现了以非线性思维为特征的"复杂性"设计理念。从1999年北京世界建筑师大会的"建筑学的未来",2002年威尼斯双年展的"未来",2004年的"变异",2006

年的"超城市",2008年的"超越房屋的建筑""传播建筑"。世界建筑的讨论主题时刻关注的都是当今时代设计的的变化、发展和未来,包括运用新科学进行建筑探索的理论性主题展览也层出不穷,如2003年巴黎蓬皮杜中心的"非标准建筑展",2006年北京的"涌现"国际青年建筑师作品展等。可以说,随着现状科学的新趋势与建筑的新发展,现阶段的设计研究已经从早期现代主义时期的空间、形态、构造方法的研究进而成为一种从科学获得启发,借鉴相关的科学理论、成果和方法,对信息时代受复杂性科学的影响而产生的,以非线性哲学为思想依据、以计算机作为辅助设计工具的,试图通过建筑复杂多元与变幻莫测的直观形态和丰富空间体验来模拟与还原现实世界的复杂性设计研究。彼得·埃森曼以建筑学形式语言敏锐地回应时代的巨变,弗兰克·盖里走向了建立在数字化生产和个人风格的构造美学,格雷格·林用计算机工具作为方法生成新型的空间,库哈斯则试图将建筑学部分地定位于更广泛的城市社会系统,扎哈·哈迪德则执著于如流体般动态塑形的形态,赫尔佐格和德梅隆将媒体消费的概念引入建筑表皮产生非物质化的信息建筑,等等这些都让我们看到了这样的一种趋势,即: 信息时代背景下,设计师正在开始探索当代复杂性科学概念下的复杂性设计、数字化设计以及未来设计发展的可能性。而这种可能性,则是以非线性思维为特征,以数字化技术运用为物质基础,以向我们展现现实世界的复杂性为设计目的的复杂性设计观。

一个专业的兴起与发展,有着其必然的原因,而当时代的文化背景乃至整个社会形态结构都是导致其必然性的最深层次的动因和驱力。在西方社会的整个发展过程中,"科学"和"技术"这两个概念是建立在古希腊以来的"理性"和"逻辑"思想上的,近代社会以来,以培根为代表的经验主义和以笛卡儿为代表的逻辑哲学是现代西方社会启蒙运动的两块基石,也是西方现代文明的基石。从 19 世纪末到 20 世纪 60 年代,西方社会在上述思想基础上完成了工业革命和城

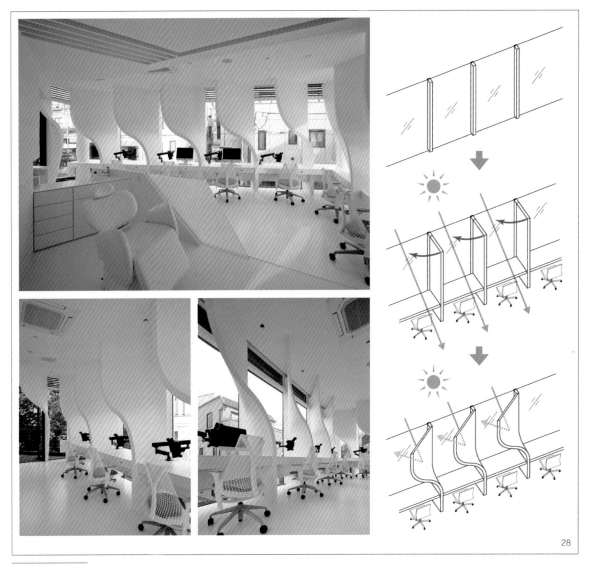

28 . takato tamagami: 定制牙科实验室改造项目

市化过程。胡塞尔在《欧洲诸学派的危机和超越论的现象学》中讲到：所谓 20 世纪的机械时代，是客观主义的合理主义时代。并由唯一的规则，将整个世界均质化、等质化进而对世间万物进行说明。所以，黑川纪章认为 20 世纪机械时代的建筑与艺术的表现手法与机械是由零部件构成而发挥性能的过程酷似，机械中是不允许暧昧性、异质物质、偶发性、多义性存在的。作为环境艺术设计 80 年代早期的教学体系与教学逻辑恰恰正是建立在这种以现代主义包豪斯设计教育为楷模与典范的基础上的，可以看到根据分析（analysis）、结构化（structuring）、组织化（organization），并经过"普遍性的综合"（synthesis）而产生的的设计教学模块要求，

始终贯穿于从"后工艺美术"的年代到在近十几年的"现代主义补课"阶段来进行实践与探索的。

相对"机械时代"，黑川纪章认为：我们21世纪的新时代将成为"生命时代"。所谓生命时代，就是正视生命物种的多样性所具备的高质量丰富价值的时代。机械因其本身不能生长、变化和新陈代谢，而生命却拥有惊人的"多样性"。从詹克斯的"宇源建筑学"开始，包括联合网络工作室的"流动力场"，格雷格·林恩的"动态形式"，NOX的"软建筑"，FOA的"系统发生论"，伊东丰雄的"液态建筑"，卡尔·朱的"形态基因学"等，无不体现着世纪之交的当代建筑现象的变幻纷频（图29~图33）。从分形几何学、非线性数学、复杂性科

29

30

31

29．查尔斯·詹克斯（CharlesJencks）苏格兰
宇宙思考花园

30．格雷格·林恩sociopolis住房块，valenica，
西班牙及模型的门面处理

31．荷兰尼尔杰水世界的水阁是流体建筑的一
个代表性作品

学、宇宙学、系统理论、计算机理论、协同学、遗传算法等科学理论中探讨当代设计的理论、方法、形态和空间，从而产生各种形式的层出不穷：连续、流动、光滑、塑性，复杂、混沌、跃迁、突变，动态、扭转、冲突、漂浮，消解、含混、不定，各种探索如涓涓细流，逐渐汇集成一条潺潺前行的溪流，让我们能探寻生命时代设计发展的轨迹。全新的形式变换、前所未见的空间形态以及多元化的审美观和价值观，在新世纪初出现了多元化的探索，设计不再有统一的标准和固定的原则，

成为一个开放的、各种风格并存的、各种学科交汇融合的学科。如果，环境艺术设计作为一门在上世纪早就被定义为像李砚祖教授在《环境艺术设计的新视界》中认为的"环境艺术设计是一门既边缘又综合的学科，它涉及的学科范围很广泛，主要有：建筑学、城市设计、景观设计学、城市规划、人类工程学、环境行为学、环境心理学、设计美学、环境美学、社会学、文化学等方面"的交叉学科，那其必然在新世纪将在研究目的与研究框架上针对当代设计现象和发展趋势，从

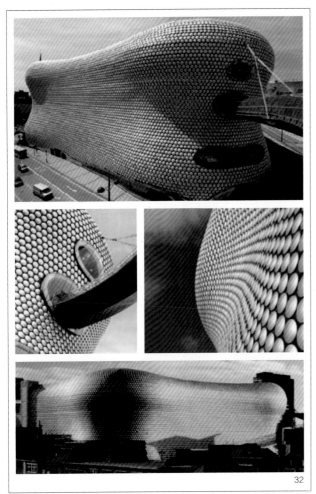

32. 英国伯明翰的赛弗里奇百货公司灵感来源于织物的自然下垂和柔和的人体线条

33. 奥地利的格拉茨艺术馆像是从太空坠落地球的一只巨型海参的身体

当代多样可能性的科学观念角度探讨当代环境设计的理论和方法，从而建立从学科的环境设计哲学观、空间观、审美观直到价值观的整体视野。

每一门学科都应当有一套属于本学科的方法论，而就当前复杂性设计观指引下的新的环境艺术设计教学体系而言，其必将建立在系统性的科学与艺术设计学领域学科交融的联系框架下。从一种"机械时代"基于"物"的设计观念转化为"生命时代"基于"科学研究"的设计观念。生活方式、互动体验引发的物质与非物质设计的高度综合将成为环境设计的核心研究对象，环境设计的教学研究也将完成由当代科学观到环境设计观念、方法的转换。环境设计学科领域的教学研究有必要在哲学、美学之外更加注重信息时代背景下第三次产业革命带来的新科学观念与成果，以真正加强学科体系的自明性。